本书为2020年度浙江省哲学社会科学规划课题（20NDJC144YB）的研究成果

适老化

|创 新 设 计|

吴 萍　彭亚丽　著

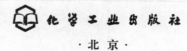
化学工业出版社
·北京·

内容简介

现有住宅的设计在应对老年人的生理功能和生活起居方面存在诸多不足和安全隐患，如地面防滑性不足、洗澡不方便、尖锐家居碰伤等，"适老化设计"可以帮助广大老年人实现安居颐养天年，更是我们关爱老人、关注养老的大爱行为。本书主要内容为解读老年人、中国适老化设计理论基础、老年人信息需求模型及实践探索、养老服务模式中适老化研究、通感思维下的适老化设计、适老化设计思维在视觉信息设计中的应用、适老化设计思维在工业产品中的应用、适老化设计思维在居住空间中的应用，可以在培养专业人才、提高养老服务专业水平上发挥重要作用。

本书适合适老环境设计与改造人员、老年服务与管理专业人员等阅读。

图书在版编目（CIP）数据

适老化创新设计/吴萍，彭亚丽著．—北京：化学工业
出版社，2021.11（2025.2 重印）
ISBN 978-7-122-40475-6

Ⅰ．①适… Ⅱ．①吴…②彭… Ⅲ．①老年人-产品设计-
研究 Ⅳ．①TB472

中国版本图书馆 CIP 数据核字（2021）第 256863 号

责任编辑：张　蕾　　　　　　　　　　装帧设计：韩　飞
责任校对：宋　夏

出版发行：化学工业出版社（北京市东城区青年湖南街 13 号　邮政编码 100011）
印　　装：北京机工印刷厂有限公司
710mm×1000mm　1/16　印张 13¾　字数 230 千字
2025 年 2 月北京第 1 版第 7 次印刷

购书咨询：010-64518888　　　　　　　　售后服务：010-64518899
网　　址：http://www.cip.com.cn
凡购买本书，如有缺损质量问题，本社销售中心负责调换。

定　　价：98.00 元

一、中国的未富先老

2009 年，中国 60 岁以上人口为 1.67 亿人。预计到 2025 年中国 60 岁以上人口将达到 4.38 亿人。与其他许多老龄化国家一样，在老年人数量增加的同时，中国的总人口预计在 2035 年开始减少，工作年龄人口比例也将在 21 世纪中期陡降。2008 年，中国 15 岁到 64 岁的人口占总人口 75%，但到 2050 年，这个比例将减少到 66%。

根据《老龄化世界：2015 报告》，欧洲是全球老龄化程度最高的地区，老龄化程度为 17.4%；日本是全球老龄化程度最高的国家，老年人占其总人口的比例为 26.6%。

我国以 60 周岁作为进入老年期的年龄分界，以 60 周岁及以上人口数占总人口的比例作为人口老龄化的指标。按照全国老龄工作委员会公告，1999 年中国 60 周岁及以上人口数超过总人口比例的 10%，标志着我国进入老龄化社会。在学术界，一般以 2000 年作为我国进入人口老龄化社会的时间点。导致人口老龄化的主要原因是生育率下降和人均寿命延长。低生育率导致年轻人口增长缓慢，甚至低于替代水平，人均寿命延长则带来老年人口大幅增加。根据 2017 年国家统计局发布的消息，2015 年中国人口平均预期寿命为 76.34 岁，其中男性 73.64 岁，女性 79.43 岁。在较低的生育水平下，人口老龄化问题更加显著。

从目前的整体情况看，我国的人口老龄化具有规模大、速度快、区域发展不平衡、未富先老、未备先老等特点。规模大是指中国是目前世界上人口最多的国家，中国老年人口的绝对数量也居世界首位。目前，中国是世界上唯一一个老年人口数量超过 2 亿的国家。根据全国老龄工作委员会预测，我国老年人口将在 2053 年达到峰值 4.87 亿，约占届时亚洲老年人口的二分之一、世界老年人口的四分之一。

21 世纪后半叶，我国的老年人口数预计将稳定在 3.8 亿至 4.0 亿之间，占总人口的三分之一左右。2070 年之前，我国将一直是世界上老年人口规模最大的国家。

一直以来，"未富先老"被认为是我国人口老龄化的显著特征。所谓"未富先老"是指我国是在经济不发达、社会保障制度不完善的情况下进入老龄化社会的，与西方发达国家相比，我国应对人口老龄化的挑战会更加艰巨。邬沧萍教授首先提出中国人口老龄化具有未富先老的特点。他认为，中国是在经济发展水平不高、综合国力不强、人民生活水平还比较低的情况下进入人口老年化社会的，因此我国不能照抄西方模式，而要根据我国的国情和文化传统，探索一条具有中国特色的应对人口老龄化的道路。南开大学李建民教授提出，"未备先老"而不是"未富先老"才是我国人口老龄化的根本特征。他认为，改革开放以来，虽然我国经济增长迅速，但社会老年保障制度建设仍有缺口。中国老龄化挑战的真正含义是，能否在经济、社会转型和人口迅速老龄化的条件下，建立起公平、合理、有效的国家制度安排和社会应对机制。

"未备先老"的观点提出后，得到社会各界的普遍认同。毕竟，我国在不到 20 年的时间里，完成了发达国家几十年才完成的人口老龄化进程，在经济保障、医疗保障、福利服务、长期照护等方面的制度建设上尚未做好充足的准备。其实，"未富先老"和"未备先老"分别指出了我国在应对人口老龄化任务上不同方面的问题，前者指出资源有限，后者则指出制度缺口。理论上，二者各有其道理，但在实践上，前者有为现状辩护的倾向。"未富先老"的判断在某种程度上合理化了目前未能满足老年人需要的实际状况。"未备先老"则偏重促进现状的改变，认为提高国家和社会应对人口老龄化问题的能力涉及多方面的准备，继续完善社会制度建设，而不只是与经济发展水平相关。事实上，我国进入人口老龄化社会的二十年来，人口老龄化程度不断加深，国家对老龄问题的重视程度也逐渐提高，投入逐步加大，社会保障制度和福利服务政策不断完善。

未来 20 年，我国人口老龄化将日益加剧，高龄老人和失能老人大幅增加，养老事业面临的压力和挑战与日俱增，传统的养老模式越来越难以适应经济发展的需要。我国在家庭养老向社会养老转变过程中，面临养老服务风险和护理风险。

21世纪，人们生活在一个被设计包围的地球村中，从所用的产品到居住的城市，从衣食住行到休闲娱乐，无不渗透着设计带来的魅力与智慧，老年朋友也被迫变化着、适应着。

二、中国式适老化设计提出的背景

何为设计？设计不是一种个人行为，作为文化大概念的一个有机组成部分，设计体现了历史积淀下的人类文化心理和当今社会的文化状况。设计作为一门对主观世界的反映、综合、提炼、凝结、升华的科学体系，除了面对其自身以外所产生的一切迅猛变化，还因为外力的作用而使现代设计的发展过程呈现出一种复杂的状态，不断增强了其从内涵到外延在建设、发展、变革等方面的时效性和紧迫感，并使之在变革过程中的任务与目的得到确定与加强。

老年人，是经验的代言人，是传统的奠基者，是文化的积淀载体。传统文化主要体现在思想观念上，属于精神文化现象，而设计是物质形态的创造，属于物质文化现象，两者相互渗透、相互影响。《易经·系辞》曰："形而上者谓之道，形而下者谓之器。""器"就是人类通过物化设计思维创造的一种文化载体，它是有形的、具象的物质，是文化传承的具体体现。同时，文化也创造了设计，使设计成为社会文化的缩影，并使"器"上升为"道"，形成一种相对有形物体、无形的、抽象的精神观念。以文化为本位，以生活为基础是现代适老化设计的准确定位。从根本上说，适老化设计是传统思想文化在具体设计作品中的凝结和物化。设计不是简单地造物，而是需要创造出演绎时代、民族的文化根性，是孕育着老年人智慧与情感的功能性、审美性、经济性的和谐整体。

中国传统文化是中华文明演化汇集而成的一种反映民族特质和风貌的民族文化，是民族历史上各种思想文化、观念形态的总体表征，是指居住在中国地域内的中华民族及其祖先所创造的、为中华民族世代所继承发展的、具有鲜明民族特色的、历史悠久的、内涵博大精深的、传统优良的文化。

中国的传统文化一直以来都是世人为设计所运用到的素材和源泉，在设计的功能、形式、材质等方面提供了很好的原型。时至近年，受经济全球化影响，各国间不仅在经济上联系空前密集，文化上的交流也呈现出前所未有的局面。所以，在文化空前交融的时代背景下、在当前中国老龄化国情下，结合传统文化与现代老年人，用中国方式探究适老化设计就显得尤为重要。

三、中国元素与适老化创新设计

早在20世纪，以陈幼坚为代表的香港设计师就率先利用中国元素进行现代设计的探索之路，但并没有成功设计出一批具有中国传统文化特征的现代作品。这标志着中国设计师们摒弃早先一味效仿西风的观念，转而大量利用起中国元素的开始。可以说，"中国元素"的流行，是中国设计师探索中西结合的一种积极表现。近几年，随着中国经济地位的提高，设计行业更多更强地发出自己的声音，尤其在2008年的北京奥运会之后，运用中国符号树立本土视觉设计美学的趋势越来越明显。"红色""中国结""太极""篆刻"等中国符号开始大量涌现，越来越多的设计领域表现出对"中国元素"的偏好。

本书探讨的适老化创新设计，在整个设计领域中运用方式主要有三种。

① 图案设计运用。图案设计这种方式主要是通过传统形态、色彩、材料元素的运用，使设计散发出传统的气息，能第一时间捕捉到老年人的视点。传统形态元素的运用，其形为状也；态为象也。传统形态作为历史留下的图形元素符号构成部分之一，不仅仅是一种具象的形态符号表达，同时也能代表特定民族、特定区域以及特定群体的审美意识。

② 传统色彩元素的运用。中国传统色彩有"五色"之说，即青、赤、黄、白、黑。也被称为"正色"，寓意为吉祥色。而除这五色之外的其他色被称为"间色"。设计领域中对传统色彩的运用，往往与色彩所代表的特有的象征意义密不可分。

③ 传统材料元素的运用。以尊重自然为出发点的中国传统文化尊崇自然与人的和谐共生，设计中尽量保留材料的自然属性特征，还原材料的真实质感，成为设计领域对材料的主要处理手段。

图案设计-样式设计-方式设计，是一个不断前进的过程。从艺术发展的历史经验来看，任何设计创作都离不开传统理念，适老化设计更是如此。现代适老化设计是个庞大的架构体系，涉及社会学、老龄学、设计心理学、设计思维、产品设计美学、美学评价、设计鉴赏和设计批评论等多方面理论。清朝纪昀有一句话："国弈不废旧谱，而不执旧谱；国医不泥古方，而不离古方。"人们不可能抛开现有的文化体系去创造全新的学说，但也不能固守"旧谱古方"。这就是本著作的意义所在。因此，现代适老化设计应该立足传统文化，在设计中既要尊重老年人的独特性，又要反映现代老年人的内在精神追求。

著者
2021 年 9 月

目录

第 **3** 章 老年人信息需求模型及实践探索 —— **046**

第4章　养老服务模式中适老化研究　　058

第5章　通感思维下的适老化设计　　072

第6章　适老化设计思维在视觉信息设计中的应用 — 098

第 **1** 章 解读老年人

1.1 老年人定义

按照国际规定，65 周岁以上的人定义为老年人。在我国，《老年人权益保障法》中第 2 条规定老年人的年龄起点标准是 60 周岁，即凡年满 60 周岁的中华人民共和国公民都属于老年人。我国现阶段将 60 岁以上的老年人分为四个年龄层次：60～79 岁为老年期，称为老年人；80～89 岁为高龄期，称为高龄老人；90～99 岁为长寿期，称为长寿老人；100 岁及以上则称为百岁老人。由于全世界人口的年龄呈持续增高趋势，根据现代人生理、心理结构上的变化，世界卫生组织对老年人提出了新的划分标准，即 60～74 岁为年轻老年人，75～89 岁为老年人，90 岁及以上为长寿老年人。

人口老龄化是现代社会出现的新型人口现象，会随着人口死亡率和生育率不断下降而必然出现的人口年龄结构的变动趋势，少儿人口比例的下降和老年人口比例的增长都会导致人口结构的老龄化。根据 1956 年联合国发布的《人口老龄化及其社会经济后果》中确定的划分标准，当一个国家或地区 65 岁及以上老年人口数量占总人口比例 7％以上时，则意味着这个国家或地区进入老龄化阶段。1982 年维也纳老龄问题世界大会确定 60 岁及以上老年人口数量占总人口比例 10％以上时，意味着这个国家或地区进入严重老龄化阶段。

1.2 老年人生理特征

随着年龄的增长，人进入老年期后，身体会慢慢衰老，从个体的外形到身体组织器官的组成成分与功能都会发生变化。外形上，头发变白和稀少、皮肤皱褶松弛、出现老年斑、视听力下降、牙齿松动脱落、身高萎缩、体形变胖等；身体组织器官方面、总水量减少、细胞内液量减少、神经及肌肉组织萎缩及重量减少、功能衰退、储备力下降、适应能力减弱等；身体各种功能方面，体力活动及精神活动低下、基础代谢缓慢、各脏器系统退化性变化。综上所述，衰老带来的影响是多方面的、不可逆的。储备力下降、适应力减退、抵抗力低下、自理能力下降等都会不同程度地影响老年人的生活。

人的老化是个人身体内部自然衰老的现象，其现象是慢慢长期发展出来的，不是偶然突发的现象，这种现象会造成个人身体功能的衰退，影响个人生活。老化现象是单向的改变，生理功能不会返老还童，只会越变越老。其中，听力、视力下降是导致老年生活幸福指数下降的两大重要因素。

1.2.1 老年人的视力特征

随着年龄的增长，老年人视觉器官和视觉系统逐渐出现老化并发生变异和衰退，其中，眼睛的组织结构、眼睛的生理变化、眼睛的生理病变这三部分成为主要原因。

眼睛的组织结构：从图1-1我们可以直观地看出瞳孔、角膜、晶状体及视网膜等构成了眼睛的组织结构，这些部件随着年龄的增长其功能会逐渐衰退。主要表现为：①瞳孔直径变小，对光环境变化的适应能力降低，进入光感受器的光也会减少。②角膜的直径变小，晶状体的透光性变弱，眼睛的调节能力显著降低。③视网膜变薄，色素上皮的色素脱失，也直接导致视功能的衰退。

眼睛病变：主要包括屈光不正、白内障、眼底病变、青光眼等，其中屈光不正和白内障是致使老年人视力减退最主要的原因。眼睛病变原因如图1-2。

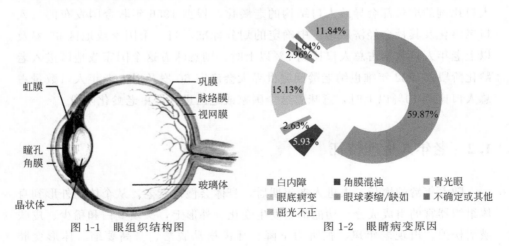

图1-1　眼组织结构图　　　　　图1-2　眼睛病变原因

老年人屈光不正常见于远视眼，随着年龄的增长，眼肌的调节能力减退，使原被睫状肌的生理收缩所代偿而隐蔽的潜伏性远视变成显性远视所致。如图 1-3。

白内障也是老年人多发的病症之一，病因较为复杂，与营养、环境、内分泌变化、代谢变缓等有关。

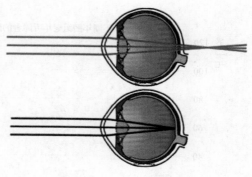

图 1-3　屈光不正原理

1.2.2　老年人听力特征

老年人的听觉能力也随着年龄的增长呈不断下降的趋势。由于老年人的听觉系统从耳蜗末梢到听觉中枢都有退变趋势，他们对声音的辨别能力下降，听力敏感度减退，对声音感受的清晰度下降，对音阈的感知能力也在下降。日常生活中我们会发现，女性老年人的听觉能力相对于男性老年人要衰退得慢一些。虽然在听力方面男女有差异，但随着年龄的增长，老年人听觉能力的衰退趋势都很明显。老年人的听力衰退不仅会导致不良的精神状态和不良的情绪反应，甚至会影响老年人的人际交往、生理健康以及日常生活水平等。

病理方面导致老年人听力下降主要是由于老年性聋、中耳炎和药物性耳聋等引起的。老年性聋是因为随着年龄的增长，听觉器官随同身体其他组织器官一起发生的缓慢性老化的过程，听力减退属于正常的生理现象，目前尚无有效的治疗方法。随着人们的生活水平和医疗条件的不断提高，中耳炎仍然是引发老年人听力损失的主要病因之一，其发病率占全国老年人数的 8.62%。具体如图 1-4、图 1-5。

1.2.3　老年人认知行为特征

生理上，步入老年后，身高、四肢活动范围及灵活度、肌肉力量、身体柔韧性、各感官感知能力等都会逐渐退化或减弱。心理上，步入老年后，记忆力开始下降，容易出现焦虑、抑郁的情绪，伴有明显的情绪变化等，对待新事物会不愿认识及接纳，表现出固执、敏感。

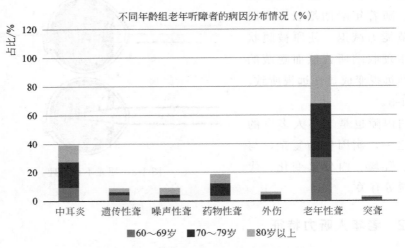

图 1-4   不同年龄组老年听障者病因分布情况

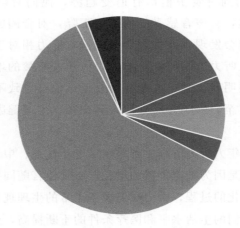

■中耳炎   ■遗传性聋   ■药物性聋   ■外伤   ■老年性聋   ■突聋   ■噪声性聋

图 1-5   老年听障者病因分布情况

　　认知是指通过心理活动（如既定概念、知觉、判断或想象）获取知识的过程。老年人随着年龄的增长认知功能会随之下降，常表现为轻度认知功能障碍（MCI）、阿尔茨海默病等，其中，高血压、糖尿病、脑卒中、冠心病、神经系统疾病等是导致认知障碍发生的病理性原因；居住地、文化程度、社会交往、收入水平、婚姻状况、生活方式等是导致认知障碍发生的社会、心理、生活方式原因（表 1-1）。

表 1-1　老年认知功能影响因素

病理因素	1.高血压、心脏病、脑卒中、糖尿病、肿瘤与帕金森病的患病率有紧密联系 2.炎症反应时,肿瘤坏死因子等水平增高,促进机体分解代谢,使肌肉含量降低,引起衰弱 3.营养摄入不足所致的机体肌肉含量下降会同时增加衰弱
社会因素	拥有较广泛的社会网络规模,个体认知功能保持良好
心理因素	1.主观情绪乐观的老年人认知功能衰退发生率低,反之较高 2.老年人对自己生命衰老进程积极或消极的情感体验
生活方式	坚持运动、健康饮食等能提高认知能力、改善认知功能和提高认知推理能力

行为能力指的是以自己独立意志产生的行为表征。由于衰老和退行性病变,老年人感觉系统及神经肌肉控制能力逐渐衰退,老年人行动能力受限,从而引起其独立生活能力及生活质量下降。衰老对老年人平衡、转移以及行动能力均有影响,在 75 岁以后逐渐加剧。

1.3　老年人心理特征分析

人口老龄化的加速导致老龄问题日益增多,其中心理健康问题尤为堪忧。过去人们对老年人的健康过多地关注于身体方面,忽略了其心理感受。随着时代的前行,新健康理念的发展,人们逐步发现健康不应该仅仅停留在身体方面,心理健康也同等重要,将身体、心理、社会三方面完美结合,才能真正提高老年人的生命质量和生活质量。据此,整个医学模式也发生了翻天覆地的变化,要求相关人员从身体、心理和社会这三个方面维护和促进老年人的健康。这三者必须完美结合,相辅相成,不可分割。

人进入老年期后,随着身体的逐渐老化,心理功能也会随之退化。加上由于听觉、视觉敏锐度的逐渐下降,运动的灵活性和速度性都明显下降,学习能力变弱,认知水平下降,容易出现焦虑。由于大脑注意力分配不足,对信息编码的精度及深度呈现下降趋势,记忆容易出现干扰和抑制,特别是信息主动提取方面。当老年人的记忆障碍趋于明显化时,就会出现错构和虚构,导致他们容易出现挫败感,同时也会导致抑郁、焦虑及愤怒等情绪,从而影响晚年生活。

1.3.1　感知觉衰退

感知觉也就是人们常说的感觉与知觉概念,它们都是人的大脑对当前客观事物的反映,也是人关于世界一切事物认识的源泉。感知觉包含的内容有视觉、听觉、味觉、嗅觉、皮肤感觉、躯体感觉等。

随着年龄的增长，老年人的视觉能力在不断减退，视觉器官也在逐渐发生衰老退化，许多老年人易患青光眼、白内障、黄斑变性等，老年群体也是失明和低视力疾病的高发人群。有心理学研究发现，老年人辨别暖色系的色彩如黄色、橙色、红色的能力要比辨别冷色系的色彩如蓝色、绿色、紫色要强很多。老年人随着年龄的增长，视觉编码的速度也不断下降。相对于年轻人，老年人接收与处理影像信息的时间要长得多，这也就是老年人在生活中很多时候会因"反应慢"而出现一些意外的原因。

人的味觉主要由舌头来完成，分布于舌头上的味蕾可以让我们品尝并分辨出成百上千种不同的味道，味蕾数量减少及敏感度降低是引起老年人味觉功能衰退最主要的原因。同时，老年人的唾液分泌减少、对食物的咀嚼能力明显下降，也在一定程度上影响老年人的食欲和味觉功能。据调查，年轻人对味道的敏感程度大致顺序是苦味—酸味—咸味—甜味，这也就是为什么大多数人不容易接受苦味的食物，而对甜味的食物不会很排斥。

人的嗅觉感受器官是鼻部，随着年龄的增长嗅觉功能也会明显下降，但对人的正常活动不会产生特别大的影响。导致老年人嗅觉功能衰退，年龄增长是很重要的一个原因。除此之外，老年人长期的工作和生活环境（空气能否流通）、个人口腔卫生、生活习惯（有的老人嗜烟酒及辛辣食物）、生理健康（如感冒会引起鼻黏膜发炎）等都会对嗅觉功能产生影响。

皮肤感觉主要有触觉、温度感觉和痛觉三种。随着年龄的增长，老年人皮肤上的感知点数量不断下降，从而导致皮肤对触觉刺激产生感觉所需要的刺激强度不断增大。老年人皮肤感觉功能衰退容易导致碰伤、烫伤等皮肤伤害。

人的躯体感觉有浅感觉、深感觉和内脏感觉这三种，指的是人体通过皮肤、关节、肌肉、内脏等刺激产生的感觉。老年人随着年龄的增长，各个感觉系统都会随之老化衰退，但由于人体是一个非常复杂的系统，感知系统的变化也会由于多方面的因素而存在巨大差异，例如先天遗传因素、生活环境影响、工作环境和职业性质影响、个人性格特征等。虽然各感知觉系统老化的影响因素及进程都有很大的不同，但各系统之间的联系也很紧密并且相互影响。

老年人身体功能衰退，大脑功能发生改变，中枢神经系统递质的合成和代谢减弱，导致感觉能力下降、意识性差、反应迟钝、间歇性犯困等。其主要表现在以下两个方面：①感觉迟钝，听力、视力、嗅觉及触觉等功能衰退，结果会导致视力下降、听力减退及灵敏度下降；②动作灵活性迟缓、协调性差、行动笨拙。以上两方面都会影响老年人的日常生活，给他们造成一些心理困扰，易出现失败感以及挫败感，进而演化成抑郁、焦虑、愤怒等负面情绪的出现。

1.3.2　老年人认知变化

流体和晶体智力理论认为要区别对待智力结构的不同成分，因为老年化过程中智力认知衰退并不是全面性的，老年人在实际生活中解决各种复杂问题的能力仍处于较高的水平，甚至在不少方面超过中青年人。这是由于生活中解决问题所需要的往往不是单一的智力因素，还需要社会经验等非智力因素的综合分析及敏锐判断的能力。一系列研究发现，老年人的智力、认知还具有很大的可塑性，与多方面因素相关，包括生理健康、文化程度和社会职能等方面。因此，坚持用脑有利于在老年时期保持较好的智力水平和认知高度，其中体育锻炼会起到明显的促进作用。

记忆是人的一种基本的心理过程，在这个过程中大脑会对外界信息进行主动的编码、储存并提取。随着年龄的增长（成年以后），人的机体结构和功能都呈衰退趋势，其中记忆能力的衰退是较为显著且最为敏感的。很多老年人常常抱怨自己记忆不好，刚用过的东西忘记放在哪里、刚出门又不记得是否锁了门、走到半路忘记要做什么等，这些都是记忆老化所表现出来的生理现象。影响老年人记忆能力的因素有很多，如生理健康状况、性别差异、知识结构、心理素质、职业属性、兴趣爱好等，在实际的老年工作中应该采取科学有效的措施，如让老年人保持一个积极健康的生活态度、养成良好的工作及作息习惯、做到科学用脑等，这对社会、家庭以及老年人自身来说都具有很重要的意义。

一般认为智力指的是一种包括观察能力、注意力、记忆能力、想象力和思维能力在内的综合认知能力。智力的发展与人的个体发展有着很大的联系，智力会随着人的年龄增长而发生很大的变化。老年人的动作性智力相对于语言性智力下降的速度更快、更为显著。动作性智力在 65 岁左右就开始较为显著地衰退，而语言性智力至 80 岁以后才开始呈现比较明显的下降趋势，这就是许多从事科研工作的老年人（教授、科学家等）到 80～90 岁已经行动不便甚至生活不能自理了，但依然能在自己的领域里取得成绩。

1.3.3　老年人情感情绪变化

情绪与情感是人对客观事物的态度表现，有积极和消极之分。老年人积极情绪通常包含愉悦感、自主感、自尊感及认同感；消极情绪则包含紧张害怕、孤独寂寞、无用失落及抑郁等。

情绪指的是人对客观事物是否符合主观需求而产生的一种心境体验过程，具有短暂性和情景性的特点，与人的主观愿望是否得到满足相联系。当人的主观愿望得到满足时，会产生愉悦或满意的肯定情绪；当人的主观愿望不能被满足时，会产生失落或痛苦等否定情绪。与情绪一样，情感也反映着人的某种心理感知现象，但相对于情绪，情感具有深刻性和稳定性的特点，与人的社会需求有着密切的联系。从人们通常所用的表达方式亦可体现出情绪与情感的区分，如高兴、愤怒的情绪，热爱祖国、思念家乡的情感。老年人由于生理功能的衰退、社会交往的变化，在情绪、情感上常常表现出消极、负面的特点。老年人的情绪、情感体验还具有比较稳定、持久的特点，当老年人在体验比较激烈的情绪时需要比年轻人更长的时间才能恢复平静的情绪。老年人对于情感流露和情绪表现的方式更加善于控制，在表达方式上也较年轻人趋向于内向含蓄。

1.3.3.1 孤独与依赖

孤独是指老年人不能自觉适应周围环境，缺少或不能进行有意义的思想和情感交流。孤独心理最容易产生忧郁感，长期忧郁会显得焦虑不安、心神不定。依赖是指老年人做事信心不足、被动顺从、犹豫不决、畏缩不前等，事事依赖别人执行，长期的依赖心理会导致情绪不稳定、感觉退化。

1.3.3.2 易怒和恐惧

老年人情绪不稳定，容易伤感且容易激动，而且容易对过往压抑已久的情绪来个大爆发。发火以后又常常自责、懊悔。恐惧也是老年人常见的一种心理状态，主要表现为害怕、受惊等，当恐惧感严重时，还会出现血压升高、心悸、呼吸加快、尿频、厌食等表现。

1.3.3.3 抑郁和焦虑

抑郁是常见的情绪表现，表现为压抑、沮丧、悲观和厌世等，这与老年人大脑内生物胺代谢改变有关。长期存在焦虑心理会使老年人变得心胸狭窄、吝啬、固执、急躁等，会引起神经内分泌失调，促使疾病发生。

1.3.4 老年人人际交往心理特征

人具有社会属性，人与人之间的关系叫人际关系。一般来说，老年人退休之后人际交往会发生很大的变化。从工作岗位到家庭，习惯了几十年的"工作"角色，在工作中建立起来的人际交往关系骤然丢失，这种社会角色的转换会使很多老年人一时难以适应、茫然不知所措，从而产生失落感和孤独感。随着年龄的增长、生理功能的衰退，与曾经的老友、亲戚等的交往也变得越来越少，生活中的交往对象和生活空间变得越来越狭窄和固定，常年积累起来对老年人的身心健康极为不利。在老年工作中就要加强关注老年人人际交往的需求，尽量多创造方便老年人进行人际交往的人文环境和空间环境，以提高老年人的生活质量和心理健康水平。

1.3.5　老年人个性变化

性格一词，指的是个体对客观事物的反应所表现出来的个性心理特征，表现个人对客观事物的态度及行为方式，具有差异性和稳定性（差异性是相对于不同的个体，稳定性是相对于同一个体）。老年人常有的性格特征：多疑多虑、沉默寡言或话多唠叨、固执、容易怀旧、向往宁静却害怕寂寞等。这些性格特征大多是由于老年人生理与心理变化所导致的，面对他们的性格变换，要找到合理有效的应对措施，日常生活中多一些积极的引导。当然，老年人性格特征的变化也不尽然是负面消极的，他们经历了较长的人生历练，大多比较沉稳、严谨、具有条理性。

在年老的过程中，人格仍然会保持较高的稳定性和连续性，这方面改变较小。个性改变主要表现为开放经验与外向人格特质的降低。相对来说，个性的变化受出生时代的影响及社会文化因素的影响。老年人变得个性保守、古板以及顽固，这与老年人接受新观念、新事物的速度减缓有关，但其根本原因在于时代与社会的飞速发展，引起了知识结构与观念的迅速更新。

1.4　慢性病与老年人失能

老年人是慢性病的高发人群，患病风险随年龄增长而增长。2015 年第四次中国城乡老年人生活状况抽样调查显示，三成多老年人自报患有一种慢性病，五成多老人自报患有两种及以上慢性病；80 岁及以上老年人自报患有慢性病的比例则接近九成。1993 年、1998 年、2003 年和 2008 年四次全国卫生服务调查的结果显示，我国 65 岁及以上老年人的慢性病患病率呈现逐渐上升的趋势。2013 年第五次国家卫生服务调查表明，我国城市老年人最主要的慢性病是高血压、糖尿病、缺血性心脏病、脑血管病、慢性阻塞性肺部疾病；农村老年人最主要的慢性病是高血压、糖尿病、脑血管病、慢性阻塞性肺部疾病、类风湿关节炎。高龄化是世界人口老龄化的共同趋势。我国老龄化进程较快，高龄老年人口数量增长迅速。2000年第五次人口普查时，80岁及以上高龄老人占老年人口的比例为9.2%，到2010年第六次人口普查时，这一比例上升到11.8%。据全国老龄工作委员会预测，到21世纪中叶，高龄老人占老年人口的比例将上升到22.3%；至21世纪末，这一比例将达到33.6%，即60岁以上的老年人中三分之一是高龄老人。由此可见，随着高龄化加快，老年慢性疾病患者将会越来越多。

慢性非传染性疾病是老年人失能的主要原因。由于农村居民的整体健康状况不及城市居民，他们享受的医疗保障水平也低于城市居民，农村高龄老人的失能问题更加突出。中国城乡老年人生活状况历年的调查数据都显示，农村老年人的失能率高于城市。一方面，这与农村老年人的健康知识不足、保健意识较低有关；另一方面，与农村医疗卫生服务的可及性较差有关。根据第四次国家卫生服务调查数据，2003年，城市老年人两周患病未治疗的比例为8.5%，农村老年人的这一比例则高达17.6%。2008年，这一情况得到缓解，城乡比例分别下降到4.8%和13.3%。健康自评是个体对自身健康状况的主观评价，是测量老年人健康状况的一个常用工具。2010年第三次中国城乡老年人口状况追踪调查显示，27.9%的城市老年人自评健康状况"好"，这一比例在农村为21.0%。2015年第四次中国城乡老年人生活状况抽样调查显示，37.7%的城市老年人自评健康状况"好"，农村这一比例上升到27.7%，都有大幅上升。这显示出我国老年人的整体健康水平在提高。

在老年人口学领域，通常将老年期分为低龄（60~69岁）、中龄（70~79岁）和高龄（80岁及以上）三个阶段。在老年期的不同阶段，老年人对于自己健康水平的认识和预期也是不同的。如杨天光是低龄老年人，在一次事故后行走不便，感受到身体和年轻时候相比有较大差距，由此"突然感觉到自己真的老了"，并逐渐接受这种状态。与此同时，他开始担心自己的健康状况会进一步恶化，给家人带来负担。也有个别高龄老人，和过去的老年人相比，他对自己在这个年纪还能行动自如感到非常满意。总的来说，大部分老年人能够接受年龄增长所带来的变化，包括健康水平的变化。随着年龄增长和健康问题的出现，老年人逐渐接受身体老化，习惯带病生存状态，并随着年龄增长而调整对健康的预期。一般来说，与同龄人比较，自己健康状况相对较好的人，对生活的满意度较高。如果与同龄人相比身体较差，其生活满意度就会较低。例如，身体较差的低龄老年人对自己的健康和生活较不满意，而身体较好的高龄老年人对自己的健康和生活较为满意。

应对疾病无疑是老年期的主要任务之一。按照发展心理学的生命周期理论，各个年龄阶段有其特定的任务和挑战。老年期是整个人生的生命周期的最后一个阶段，这一阶段需要解决的任务有适应退休生活、重建人际关系、接受身体老化、面对疾病和死亡等。解决好上述任务，老年人会获得自我完善感；如果解决不好，就可能出现沮丧、疑心、孤独、绝望、恐惧等困扰。老年人的主要疾病是慢性病。相比于急性传染性疾病，慢性病往往不会突然致死，却严重影响老年人的生活质量。一是长时间的身体不适和疼痛，二是由此带来的心理和情绪问题，以及对家庭关系造成的负面影响。

在老年期，必然要处理疾病以及疼痛问题。医疗人类学家提出"病痛"（illness）与"恶疾"（sickness）两个概念来扩充"疾病"（disease）这个相对狭隘的健康定义。"病痛"是指患者及家人对症状及残障的理解及反应，"恶疾"是指社会对病痛或疾病的态度及认知。这样的区分非常有意义，由此我们可以区分患者的主观感受——病痛，以及他人对疾病的认识——恶疾。一般来说，没有生病的人大多是通过医学知识了解疾病的症状和特点，对患者的主观感受却较少顾及。❶ 当然，患者的家属及其朋友可以在某种程度上体会和理解其病痛感受，但这些被认为是个体主观经验而非科学领域的事情，因而是次要的，最重要的仍然是对疾病的科学检测和治疗。

1.5 家庭与子女

大部分老年人心目中的幸福晚年，主要就是指身体健康、子女孝顺、家庭和睦。相应地，他们最主要的苦难也来自不健康的身体、不孝顺的子女、不和睦的家庭。总之，健康状况和家庭关系是老年人生活中最关键的因素。从我们的调查和访谈来看，家庭关系比健康状况对老年人生活质量的影响更大。即使有重大的病痛，如果家庭和睦、子女孝顺，患病老人仍然有幸福感。即使健康状况没那么差，但如果夫妻不和、子女忤逆，老年人也没有幸福感可言。换言之，对老年人来说，身体健康不可强求，子女孝顺、家庭和睦最为重要。虽然现代家庭关系与传统时期比较发生了很大变化，但我们在研究中发现，对绝大部分老年人而言，子女仍然是决定他们是否感到幸福的最主要因素。对于那些

---

❶ [美] 阿瑟·克莱曼.疾痛的故事：苦难、治愈与人的境况 [M].方筱丽译.上海：上海译文出版社，2010.

有工作经历的老年人来说，工作成就可能是他们精神安慰的一部分。而家庭，则是老年人心灵慰藉之所在。尤其对于那些没有外出工作或生活重心始终在家庭上的老年女性，对家庭的付出和对子女的养育很可能就是其一生最重大的事业和成就。子女有出息、有孝心，夫妻互敬互爱，就是他们最大的安慰和骄傲，是他们幸福感的最主要来源。同样地，如果老年人在需要时无法从家庭和子女处获得生活支持和心理安慰，必然因身心无所依恃而陷入绝望和痛苦。

在与老人的访谈中，当谈到人生价值和生活意义时，大部分老人的人生价值就是养育子孙后代；老年人生活的全部意义是为子女及下一代操劳。

对很多老年人来说，家庭和子女几乎是他们人生最重要的部分。他们将精神寄托和心理安慰都寄予在子孙身上。对老年人来说，子女是自己生命的延续，也是自己人生意义和价值的归属。很多老年人最操心的不是自己，而是下一代和他们的家庭。幸福晚年是所有老年人的梦想。家庭是最主要的幸福来源。有了家庭的支持，即使生病也有较强烈的幸福感。

随着年龄的增长，老年人必然要面对和处理疾病、失能、死亡等问题，这是他们最主要的生存挑战。如果子女不孝，对衰弱的父母弃之不顾，就意味着他们人生的巨大失败。如果子女孝顺，家庭就成为老年人克服疾苦的力量源泉。

由于社会对于男性和女性的角色分工有不同的预设和期待，通常，男性老年人比女性老年人更重视自己以往的工作经历和工作成就，并将其与国家建设和社会贡献相关联。我们访问的很多男性老年人，特别是在事业上有一定成就的老年人，对于家庭之外的社会生活更为敏感和重视，社会事件、国家命运，乃至国际形势都是他们乐于关心、思考和谈论的话题。他们按时观看新闻联播，关心国家经济发展趋势、各国总统选举。他们退休前有的是机关干部、有的是企业管理人员、有的是教师，还有村干部。在他们的心目中，自己与国家和社会的联系是生活中重要的组成部分。工作经历不仅带给老年人社会成就感和自豪感，还使他们在退休后能过上有保障的生活。而对于那些没有退休金的老年妇女来说，则需要依靠丈夫的退休金和子女的经济支持生活。如果丈夫去世，她们就失去了最主要的生活来源。城乡居民养老保险制度建立之后，这部分老年人可以得到基本养老金，但保障水平较低，可能不足以独立维持日常生活。

从社会文化的角度看，疾病可以有不同的意义，对生活有不同的影响。例如，对于一个孤独的患病老人来说，疾病不仅意味着身体的损伤和疼痛，还伴随着孤独、凄凉、绝望的情感。但对于一个家庭和睦、关系亲密的患病老人来说，老人自己及其家人都可能将其所患疾病看成是为家庭辛苦劳作、倾力奉献的结果，并因此对老人倍加照顾和尊重。在后一种情况下，由于疾病被赋予了道德含义，疾病虽然带给老人身体上的不适，但他们也由此获得了较高的道德评价。这种被赋予了道德意义的苦难也有可能成为凝聚家庭关系的力量。在艰苦生活中寻求幸福，除了亲密的亲子关系，牢固的夫妻关系同样重要。

经过大量访谈案例的分析与研究，我们得知中国老年人的幸福感界定是多样且多异的，具有突出的差异性和不唯一性。

边燕杰和肖阳对中英居民主观幸福感的研究发现，英国居民较中国居民保持较高的主观幸福感，主要因素包括三个方面：①健康水平较高；②婚姻关系的作用；③宗教认同感。❶ 与英国相比，除了宗教认同感，健康和婚姻也是影响我国高龄老人主观幸福感的重要因素。与英国相比，中国老人的主观幸福感具有极强的工具理性倾向（指在目标和现状中规划出合理的途径），老人的主观幸福水平深受资源满足欲望的影响。这和我们的研究发现基本一致，而我们更进一步发现，中国人的幸福感并非完全工具理性的，中国人的超越性情感蕴含在家庭之中，家庭伦理和家庭道德在某种程度上起到了宗教认同的作用。除此之外，在某种情况下，个人与国家、集体的关系也具有明显的意义，也给个人带来了成就感和幸福感。

❶ 边燕杰，肖阳.中英居民主观幸福感比较研究 ［J］.社会学研究，2014（2）：22-42.

第 **2** 章 中国适老化设计理论基础

2.1 "和""圆"传统思想下的适老化设计

2.1.1 "和"传统思想解读

"和"是中华传统文化的一个核心理念，也是中国哲学的重要范畴之一。不同的事物之间保持一定的平衡，谓之"和"。"和"可以说是多样性的统一，其观念在中国传统文化中成为各哲学派别共同认同的哲学范畴，构成了中华民族共同推崇的事物状态、心理意识、思想方式和价值取向，成为中华文化的共同的思想基础。其中和谐思维、以"和"为贵的思想根深蒂固。

"和"强调的是人与外界的和谐统一、天地人和，决定了中国人对空间的意识形成，即认为宇宙的广阔，人与自然的非对立。和为贵、和气生财、和气致祥、和衷共济、家和万事兴、百忍堂中有太和，都是说的"和"。中华民族精神中的"和为贵"理念，既强调天人合一，也倡导人与自然界的和谐共存，更主张人与人之间、人与社会之间的和睦相处。在处理老年群体的关系方面提倡的和谐、和睦、和气生财、和衷共济、和平共处、家和万事兴等。从艺术设计学的角度看，适老化设计中的点、线、面及图案、文字、色彩等形式要和老年人的心理、生理特征相和谐；设计产品须考虑老年人生理和心理的特殊性及人体工程学的和谐应用。此外，设计还要重视主客体与环境的和谐；艺术与技术的和谐等。可见，"和为贵"的思想对现代艺术设计也有重要的指导作用。

2.1.2 "和"的意境之美

（1）中和之美 所谓"中和"是指人们认识和解决问题所采取的不偏不

倚、执中适度的思维方式。中庸之道是中和思维的理论基础。"中庸之道"要求人们在为人处世方面采取"适度"原则，反对"过"与"不及"。凡事必须掌握"适度"的原则。中和思维正是对"度"的正确把握。人们对于优秀成果的评论，习惯说增一分则过长，减一分则过短。这就是说过度与不及都是对优秀的破坏，只有"中和之美"才能保持它，"中和之美"成了中国历代艺术家推崇的审美标准。

（2）和善之美　尽善尽美，至善至美，是中国传统美学的最高境界。"和善思维"是中国传统审美思维方式的重要特征，把和善思维运用于适老化设计中，把"仁者爱人"，人与人相互亲爱，对老人的恭、宽、信、敏、惠、忠、孝、悌等道德内容融入设计中具有重要的现代价值，它要求我们在艺术设计中，力求道德内容与艺术形式的高度统一，使作品起到审美与教化的双重功能。

（3）协调之美　所谓"协调"是指事物内部各构成要素之间的和谐统一，以及各种相关事物之间的和谐统一。协调思维也叫"和谐意识"。张岱年强调：中国传统文化中"有一个一以贯之的东西，即中国传统文化比较重视人与自然、人与人之间的和谐与统一"。❶ 中国传统美学重视内容与形式的和谐、协调，即"和谐之美"。

（4）和合之美　中国人的和合性，从中国人的烹饪和饮食方式来说再合适不过了。和西方国家做菜每道菜的分明、重点突出相比，中国人烹调习惯于将各种食材、各种调味料"和合"在一起，使菜肴和调味料之同互相渗透、互相转化，而不是互相孤立、泾渭分明，体现中国人从古至今口味及烹饪方式上的"和合"特点。饮食上，和西方国家的分餐制截然不同，中国人喜欢一大家族围聚在一起，热热闹闹，从共同的菜品中共同夹菜分食。甚至很多情况下，会出现用夹菜代替让菜的情况。随着社会观念的进步，这种让菜的情况也在渐渐改观。但总的来说，西方人的用餐习惯体现了强烈的个人主义，而中国则是"和合性"。

著名学者程思远把中国传统美学思想重视和谐与统一的审美方式界定为"和合文化"，并认为：中华和合文化，是中华优秀文化传统的精髓之一和主要组成部分，是一种有中国特色的整体系统思想。西方传统文化主张"主客二分"，强调天人对立；而中国传统文化则主张主客统一，强调天人合一。从审美思维方式考察，西方传统审美思维倾向于局部性、分析性、思辨性、对立性；而中国传统审美思维则倾向于整体性、综合性、辩证性、和谐性。"和合之美"的审美观主要指整体上是和谐协调的，才是美的；局部的和谐协调并不能代表美；而且要求个体与环境之间和谐协调的，才是美的。

---

❶ 张岱年，程宜山.中国文化精神［M］.北京：北京大学出版社，2015.

和合审美思维的第二个特点是"兼收并蓄"。所谓兼收并蓄，是指各种文化的相互交流与相互融合，在现代适老化设计中吸收并融合传统文化元素，批判吸收现代西方文化。将和合审美观应用于艺术设计中，要求我们重视设计的整体效果，尤其要求注意设计品内部各个构成要素之间的协调统一，以及设计品与周围环境的协调统一。

总的说来，"和"是中国古代文化中非常重要而古老的观念。在中国文化长期的发展、积淀之中，"和为贵""和而不同"等观念已经内化为中华民族的深层民族心理与民族精神，成为中华民族的核心价值理念与生存智慧。"和"观念之所以能成为中华民族的核心价值理念与生存之道，背后有着相关的宇宙观、价值观、心性观与方法论作为其理论根据。

设计的和谐，离不开设计师对事物、事件、生活的感悟，任何一个和谐设计必须在处理人、产品和环境要素的相互关系时，使各个对立因素在动态的发展中求得平衡，并将具有差异性、矛盾性的因素融合，构建成一个有机的、协调的整体，最大化地满足人们之于功能和情感的双赢需求。"和谐""圆满"的吉祥设计理念将是一代又一代设计师孜孜不倦的追求。

2.1.3 "和"而不同

"和"是指通过各种不同因素的差异互补，来寻求整体的最佳结合，使有矛盾和差异的双方，共处于一个统一体中。"和"是多样性的协调统一，是事物发展和创新的源泉。"同"是指取消矛盾，使之成为单一的、无差别的事物，或者是处理问题时盲目附和。"和"以承认差异和矛盾为前提，强调包容矛盾各方。西周末年的周太史史伯还提出了"和实生物，同则不继"的自然哲学观。"和实生物"是指只有通过不同事物或事物的不同要素之间的相互补充、相互和合、相互作用，才能有新事物的产生与发展。"同则不继"是指相同事物或同质事物之间不会产生新的事物，也不会推进事物的发展。所以说，"和"是事物得以产生和发展的根据，"同"则不会有事物的产生与发展。一种音调不会悦耳，五音和调才能谱出优美的乐曲；一种颜色没有文采，五色和谐才会形成绚丽的文采，土与金、木、水、火相杂和则能生成百物，五味和调则能调和出美味的食物，四肢刚健和谐才能促使身体强壮，六律协调才能谱出美妙和谐的曲子。

所谓"和而不同"，包含三层含义：一是主张多样性；二是主张平衡性；三是主张创新性。"和而不同"的思想，在处理人际关系方面，要宽以待人；把"和而不同"的思想应用于现代艺术设计中，设计师在遵守艺术设计的一般原则的基础上，促进创新，创造有特色的产品。

可见，"和而不同"努力建构的是对立统一或多样性的和谐统一的理想境界。一方面，"和而不同"具有兼容并包的性质，具有"柔"的特性，体现了中华民族"厚德载物""以和为贵""宽厚兼容"的精神。另一方面，它又具有"和"而不同的"刚"性品格，虽尚"和"，但不一味苟同，盲目附和。历史和现实反复证明，"和而不同"是社会事物和社会关系发展的一条重要规律，也是人类社会健康发展的正确道路。

2.1.4 "和"思想对中国设计的影响

"中"即适度、有节、无过无不及；"和"则是和谐，是有差别的统一、多样性的统一。"中"是"和"的前提，只有适度、有节，才能达到和谐；"和"则是"中"的目的，只有和谐、统一，"中"才有意义。根据我们的考察，中国古代美育思想的发展一直贯穿着这种"中和"观念。《周礼·地官·大司徒》载，大司徒"以五礼防万民之伪而教之中，以六乐防万民之情而教之和"。《周礼·春官·大司乐》载："大司乐掌成均之法，以治建国之学政，而合国之子弟焉。""以乐德教国子，中、和、祇、庸、孝、友。""中""和"主要是作为德行修养概念提出的，礼乐教化之目的就是培育"中""和"等德行。

"和"是中国古代造物中不可或缺的重要因素之一，从"和"入手研究中国的设计，不只是片面地看到设计结果和造型，更要思考设计成果与设计风格的成因；不是只从事实、现象的分析归纳得出结论，更要从初步的结论检验意念的可行性，从意念与事实的互动中探究我国古代设计文化的自我演进过程。从"和"入手，尝试一种不同于传统工艺美术和考古的思路去认识古人的造物设计和思维方式；并以之为楔子，从复杂的多元背景中，从现代设计原初的生长状态与混沌的变动融合中，理解其更迭演化的动因与规律，挖掘造物设计所蕴含"土生土长"的智慧源泉，以启悟今天的设计实践。如何在现代设计中将这些经过漫长岁月积淀下来的宝贵的民族文化财富发扬光大，在汲取当代国际先进的设计艺术、观念的同时，提炼出有中国特色的设计思想和理念，将会是十分有意义的。

在这个思想开放、科技信息快速发展的时代，对于设计领域而言，如何将民族的传统"思想"与设计相结合是一件紧迫且势在必行的商业观念和运营模式变革。备受青睐的产品在提升市场收益的同时，从民族传统思想观念及设计领域考虑，充分体现并实现在这一特定领域中和谐共融的思想，即"中和"思想的表达与诠释，这也是设计的最终目标。

2.1.5 "圆"传统思想解读

2.1.5.1 "圆"之思维

"圆"是中国传统艺术的一个重要的精神原型，在历史的演进中，我们可以看到圆形这个"母本"可以上溯到数万年前，可谓历史悠久。"圆"，指向的是形式上的美。在设计上的灵感来源，就是如何把所要传达的信息转换为可视图形的创意。虽然圆形是人类共有的一种视觉符号，但人们的生活空间不同、境遇不同，不同的背景文化所派生的思想意识、生活习俗、生产方式不同，也就决定了人们视觉经验的差异，共有的是符号，而不是含义。含义始终是属于个人的，是个人根据自己的经验得来的，是反应的总和。圆形的含义已沉淀为中国人的"集体无意识"，体现为一种心理的本能依赖，就像除夕之夜的团圆饭，正月十五的汤圆，八月十五的月饼是节日生活里的必需品一样，中国人对圆的依恋，应该说是从一个原始的细胞经历数千年的遗传裂变，不断积累、沉淀，最终浸润到骨子里的文化情结。

① 依据："DNA"双螺旋结构

雷圭元先生在谈到构成法则时曾经指出："古今中外，构成图案的法则是多种多样的，但归根到底，不外乎一方一圆。从原始图案到现代的抽象派，都离不开这两个方面，一切曲线都从圆派生，一切直线形都是从方化出……所以，我认为装饰家、图案设计家们应该一方面向自然中去寻找美的形象，另一方面应该从数学、几何形象中去寻找美的结构，创造新的形象。"要将研究达到理想的目的，必须深入全面地进行。否则，经不起严谨推敲，也只是指向圆形文化内涵的一个方面。这种研究的方法犹如人类"DNA"呈现出的双螺旋结构给我们的启示：圆形特有的自然科学属性与我国特有的传统哲学属性，这两条分支相互盘旋又相互连通。

② 自然蕴藏的科学分支

自然界的万物都呈现出"圆"的形态，平滑、柔润而流畅，现代科学研究得出，这是自然选择进化的结果。宇宙中的星球在冲撞下形成圆形的最佳稳定状态，银河中的星云由于引力的作用形成流动的螺旋结构，我们身处星系的星辰就是这种"圆"的形态，进行的就是这种"圆"运动。

在自然形态中，花瓣的放射状排列结构，奇妙的矿物放射状晶体，优美的鹦鹉螺的螺旋主轴线，植物卷曲的茎叶，雏菊花序螺旋形的排列等存在着令人惊叹的秩序结构和美的性质。雏菊花序的螺旋形排列，具有斐波纳契数列关系——这是一种黄金分割的整数系列，在数列中每个数都等于前面两个数之和：0，1，1，2，3，5，8，13，21……奇妙的自然界为我们提供了设计的模板，构成了圆美的结构方式。除了静态的秩序之外，还有运动和时间的秩序。寒暑易节，花开花谢，斗转星移，潮涨潮落，大到星际间的旋转涡轮，小到池塘中的层层涟漪，大自然进行有序而多样的圆运动，有机的生命体也总是在有节奏地律动着。如链球和铁饼在空中沿着圆周充分旋转以后，才脱离运动员的手，沿着圆的切线方向做抛物线运动。比起沿圆周旋转这样周而复始的运动，从圆分离出来的曲线增加了内部的不平衡性，表现比较强的运动感。越接近圆周的曲线，运动适度越缓慢；越接近抛物线的曲线，运动速度越高、越激烈。我们可以看到在古典的装饰中，曲线多做委婉的流动，但现代设计的曲线，则常常追求激烈的爆发式的运动。

从墨子给"圆"下的"一中同长"的定义到今天，圆形在实证科学领域中带给人类的启示和进步从未间断，滚筒车轮改变着人类行进的方式和速度，场波的辐射，核电的裂变超越人类自身的力量等，现代力学、电学、光学、天文学的发展都离不开"圆"的推动。

③ 传统渗透下的美学意味

一个简明的圆形，就其本身而言，并不能反映丰富的观念和内涵，但当其结合到一定的情景，成为一个有效系统的组成部分时，圆形的意义便会随着整体语义的传达而得到凸现和加强。在人类艺术长河中，荣格将圆的象征誉为最强烈、最普遍的象征，认为它从各个方面表示了心灵的完整性，并且包括人类和整个自然界的关系。中国人将"圆"表现向极致，将"圆"推崇向永恒，同时，也将"圆"所指向的心灵完整性贯穿于中华民族全部文化精髓。无论是周易哲学，还是儒、道、佛家观念都与"圆"有着密不可分的关系。十七世纪英国哲学家霍尔斯曾说，哲学里的"方法"就是根据已知的原因发现结果，或者根据已知结果来发现原因时所采取的更便捷的道路。要进行圆形及其文化内涵研究，最便捷的方法就是从源头探究其本源，了解中国这种"圆象"产生的深层核心，就是中国的传统哲学并以此作为研究的依据。

处于中国文化中的圆形历经时代的变迁，表现千姿百态，时而空灵通透，时而开朗明快，然而不论时代如何进步，观念如何改变，圆形始终蕴含着无比丰富、生生不息的民族精神内涵，而我们似乎也从祖先那里遗传了同一种本能，仍然不自觉地以"圆"来承载对吉祥幸福的渴求，以"圆"来寄托对和谐久长的向往。❶

---

❶ 彭亚丽."共性"的生活"个性"的艺术 [J].美术观察，2004（6）：95-96.

2.1.5.2　圆形的多样视觉表达

（1）自然形态中的圆　人类耳濡目染在圆形自然中，自身的结构和生命的运动也遵守着"圆"的规律，头部和五官呈球形，四肢呈圆柱形，伸展开的五指也以手掌为圆心点呈现圆形痕迹，眼球和手腕的转动以及四肢舞动所呈现的轨迹都是圆形的轮廓。这是人类生命与自然界的相互映照。"圆"不仅带给人类科学的启迪，更有美的享受以及生活的便利。在人与圆形共处的生活体验中，不但激发了人对圆形形态的赞赏，更积淀了关于圆的种种体验的经历，浓缩了关于圆的情感因素。符号论学者苏珊·朗格在《艺术问题》一书中说："如果要想使某种创造出来的符号激发人们的美感，它就必须作为一个生命活动的符号呈现出来，必须使自己成为一种与生命的基本形式相类似的逻辑形式。"[1] 她进一步将生命形式的基本特点概括为有机性、运动性、节奏性和不断成长性，认为这些特点可以把一切具有生命的事物与无生命的事物区分开来。自然形态中的圆有色彩，有味道，生长衰落不停地变化，本身就代表着一种生命存在和运行的基本形式。在自然形态中，花瓣的放射状排列结构，奇妙的矿物放射状晶体，优美的鹦鹉螺的螺旋主轴线，植物卷曲的茎叶，雏菊花序螺旋形的序列等存在着令人惊叹的秩序结构和美的性质。除了静态的秩序之外，还有运动和时间的秩序。寒暑易节，花开花谢，斗转星移，潮涨潮落，大到星际间的旋转涡轮，小到池塘中的层层涟漪，树木生长的圆冠、含苞盛开的花朵、饱满新鲜的果实等，大自然总是在进行有序的圆运动，有机的生命体也总是在有节奏的律动着（图 2-1）。根据设计形态学的观点，有机、运动、节奏以及

图 2-1　自然界中的"圆"

---

[1]［美］苏珊·朗格.艺术问题［M］.滕守尧等译.北京：中国社会科学出版社，1983.

成长等语义都是人类感情的某种表现形式。因而，圆形不仅具有自然形态中的属性，具有多样的自然语言，还具有超越情感的意象。圆形在设计当中产生的心理同构是设计语言表达生命力量的形式，具有深切激荡的艺术号召力。圆形的生命是属于自然的，是人类从自然当中概括、抽象以及领悟出的生命形式。它的有机、运动、节奏和不断成长从根本上而言都是依靠人的感知和情感的表现形式（图 2-2、图 2-3）。

图 2-2　自然界中的"圆"的表达　　　　图 2-3　自然界中的"圆"

自然界中的圆形是有机的形卷，是具有生命力和生长感的形态，通常表现出丰富的柔滑曲面和扩展生长的生命力。最单纯的有机形就是卵形，其表面圆滑极富张力，虽然不处于动态，内部却孕育着生命。卵石呈现光滑的曲面，是水力冲刷石块而形成的，生活中用的肥皂，磨损后也会形成一种卵状有机形，尽管其无生命，但它给人的形态感觉是有生命力的，有生长感的。可以说，万物都呈现出"圆"的平滑、柔润而流畅特点。现代科学研究得出，这是自然选择进化的结果。宇宙中的星球在冲撞下形成圆形的最佳稳定状态，银河中的星云由于引力的作用形成螺旋结构。我们身处星系的星辰就是这种"圆"的形态，进行的就是这种圆圈运动。自然提示给人类的圆形是宇宙规律和自然秩序的代表。

（2）偶发的圆　偶发形态是人们在生活中偶尔发生或者出现的各种形态。如物体在相互撞击后，人对物体或某种材料的撕、捧、折、压等所表现出的形态。偶发的圆形大多是由对流动性材料的作用力而形成的，经过人的外力作用充满了生动的力感，往往具有奇、新且不可复制的魅力。20 世纪 50 年代以波洛克为代表的"行动派"绘画，就是用掷、滴颜料的方法完成作品的。在波洛克看来，用笔是描绘不出如此生动的形态的。在平面设计领域也出现更多的使用偶发的方式进行创作的实例，这种手绘的方式也最具有亲和力、自然而亲切，虽然其创作并不是在描绘圆这一形态，但是往往由于自然规律的作用和人类手腕的圆运动而形成了生动丰富的圆影轮廓。

平面设计中圆形的多样表现和传达无外乎源于对点、线、面的经营。孤立的线条和孤立的面同样包括特殊的活的生命，尽管它们还处于一种潜在的状态❶。但是，关键是怎样合理有效地创造激活它们，对于设计师而言，这种"有生命的形式"就存在于点、线、面的符号属性之中，即它们的文化属性，设计师对本民族文化的理解越发深入、深刻，其平面设计作品的生命力就能得到越完善、丰富及充分的表达。

2.1.5.3 剖析圆形思维下的吉祥图形

（1）圆形的多重象征语义 圆形的物理特性使其得以象征某种事物的整体性、全面性及广大性，进而可以衍生出诸如同一、周期、和谐、包容、均质、同化、完满等意境。就像一个巨大的透明体，圆形似乎充盈着一切又消解了一切，在运动中保持端正平衡的姿态，沿着阻力最小的方向运动，寓意着在不同境遇和时运里优游自如、逍遥自在的人生状态。

因其自然属性，圆形可以表现带有自然意味、具有天然属性的某些形象，从而使人产生一种天然的情趣，比如熔岩、奇石、海岸、河网、树皮、星系、涡流的滚动、山脉等自然的旨趣。其次，单纯从象征的角度而言，圆形是心灵的象征（柏拉图也曾将心灵描绘为一个球体），而方形（往往是长方形）则是世俗事物肉体与现实的象征。荣格认为，在圆形所象征的"意识"中揉进了某种连续的心灵推动力。再次，圆形最为原始的象征形式——太阳，至今依然存在于人类思维的深处。太阳的光芒被衍生为车轮的辐条。美国的威尔·赖特在《隐喻与现实》一书中写道："在伟大的原型性象征中最富于象征意义的也许就是圆圈及其最常见的意指具象——轮子。从最初有记载的时代起，圆圈就被普遍认为是最完美的形象。""这一方面是由于其简单的形式完整性，另一方面也由于由赫拉克利特的金言所道出的原因：在圆圈中开端和结尾是同一的。辐条被看作是太阳光线的象征，而辐条和光线均是发自于一个点，这被看作是某一个生命，创作力渊源的象征。轮子转动时轮轴、辐条、轮圈的运动是规则的。"

从人类视知觉的角度而言，圆形线或圆圈是儿童绘画中出现频度极高的线

---

❶ [美] 苏珊·朗格.艺术问题 [M].滕守尧等译.北京：中国社会科学出版社，1983.

条式样，因为圆形可以被用来表现许多形状、性质完全不同、并且与其本身不相干的物体。正如阿思·海姆研究得出："当人们不了解某一事实的真实形状或是某一形状与他的目的关系不大的时候，他就干脆用斑点、圆圈或球形来代替这些事物、这种情况。在古人所作的那些有关地球和宇宙的论述中，也总是把地球和宇宙描写成球形、圆面形或环形。这些描写其实并不是基于观察而作，而是由于人们在描绘那些不可知的形状或空间关系的时候，总是尽量以一种最简单的形状和关系去描写它们。"

最后，圆与中国的文化传统有着不可分割的关系。中国传统习惯用圆形象征"圆满""团圆""富足"等吉祥、美好的含义，给世代中国人灌输着与圆相关的教义。因而圆也就成了体现中国文化特色的要素之一，被广泛地用于中国古代艺术设计中，如器物的造型、图案构图、建筑中的门窗等。

（2）圆融吉祥观　"吉祥"一直是福瑞喜庆、诸事顺利的代称。吉祥寓意是民俗装饰艺术中一种特有的装饰形式，具有强烈的民族、民俗意味。"吉祥文化"是中国特有的文化现象，是根植于本土的民俗观念。这种形式常常用事物谐音寓意来表达人们对美好生活的向往和追求。从人类创造出艺术图形开始，就有了"吉祥画"的雏形，彩陶中的人面鱼纹、蛙纹、羊纹等，都有吉祥的含义。

圆形图案以圆为外轮廓，象征着"圆满"和"饱满"，这是众多吉祥图案都选择以圆形出现的重要原因之一。可以说圆形图案从古至今一直是人们对吉祥观念的设计表达。在这些以圆形图案出现的吉祥图案中，多数为自然界花草和人文纹样的组合。这是当时人们崇拜大自然、热爱大自然的表现，是希望人和自然和谐共生的情感表现，也符合中国传统美学思想圆满、和谐、"天人合一"的境界。

吉祥纹样主要有动物纹、植物纹、人物纹、几何纹、吉祥文字等，形式各不相同，但都是为了表达人们对美好生活的祝福和期盼。相对来说，老年人在思想上比较怀旧、传统，与年轻人的生活方式、喜好有着很大的不同，对传统的设计元素也更加看重。每个人都希望能在社会生活中找到自己的一片文化天地，找到一种心理文化的归属感。将传统的吉祥纹样与现代适老化设计形式相结合，将设计内蕴从祈福纳吉、功名利禄、延年增寿、招财纳福、驱邪避灾等吉祥观念予以表现。对于老年人来说，可以让他们更容易接受，在生活中，也更容易融入快乐、轻松的氛围中去。

作为融合"圆"文化的适老化吉祥图案设计具体手法有以下几种（图2-4）。

① 运用图文谐音的形式构成：如"（莲）连生贵子""喜上（梅）眉梢"

图 2-4　龙凤呈祥和多子多孙

"吉庆有余（鱼）"等；

② 利用具有象征意义的动植物构成会意图案，如"榴开百子""鹤鹿同春""龙凤呈祥"等；

③ 联合植物、动物的音、意共同组成，如"岁岁平安"（岁—麦穗、平—花瓶、安—鹌鹑）；"富贵耄耋"（富贵—牡丹、耄—猫、耋—蝴蝶）；

④ 具有象征性的动植物、神仙、器物组合，如"八仙庆寿""琛宝"（即杂宝图案）、"八吉祥""岁寒三友"（松、竹、梅）、福寿三多（佛手、桃、石榴；"佛"多福，"桃"多寿，"石榴"多子多孙）；

⑤ 利用吉祥字的篆体组成，如"万寿福喜"等。

吉祥图案的运用表明了老年人对于未来的希望和祈求，它将远离现实的东西，通过艺术的形式还原为具体的"真实"，以即将获取的"吉祥"来肯定现世生存的努力，进而鼓舞人们生活的斗志。因而，可以说这种对于美好未来的"企盼"正是现实生活中"奋斗不息，乐观豁达"的灵魂与根基。

谐音的手法，是在吉祥图形中使用最多的一种，如图 2-5。所谓"谐音"就是指同一个读音的不同事物相互借用和转换，即假借其音以表他意。

雷圭元曾说："一幅吉祥图案就是一句话，一句好听的话，人们爱听的话。在吉祥图案上看到的是形象，心中感受到的除了形象之外还有语言，所以我说这种图案是会说话的艺术。也就是说除了形象美、形式美之外，还有一种寓意美、比喻美、语言美，这就是中国吉祥图案的美。"❶

● 圆满吉祥

---

❶ 雷圭元.怎样学图案（一）[J]. 装饰.2008（S1）：9-11.

图 2-5　事事如意和团鹤献寿

　　诸葛铠先生说中国人自古存有尚全忌缺心理，并指出："中国具有世界上最长的农业文明史，在氏族血缘的严密纽带和西周以来的宗法制度的深刻影响下，以土地为中心的始祖聚居成为中国一大文化特色，就必然产生数代同堂，儿孙绕膝，父母双全等求全的心态。图形的求全、尚圆满，便是这种心态的反应。"❶ 这种"尚圆"心理结构特征是民众生活观念与审美观念的体现。在生活的困难以及天灾、人祸、水患、疾病的侵扰下，人极容易产生一种祈求风调雨顺、丰衣足食，希冀老人长寿、儿孙满堂、家庭和睦、生活幸福的朴素心理和美好愿望。圆形往复循环、生生不已、运转不息的动态精神，把人和天，人和自然看作一个整体，对"物我同体""天人合一"孜孜不倦的追求。无论是铜钱、铜镜、瓦当、团花装饰等，其中人性光辉的闪烁尤为显著，并一直延续至今。

　　唐人爱花，在唐代绘画、丝织、陶瓷、铜镜花纹装饰等各个方面都呈现出花团锦簇的景象。盛唐时开始充分发展宝相花形式，被视为唐代图形象征最重要的主题。宝相花是魏晋南北朝以来伴随佛教盛行的流行图案，它集中了莲花、牡丹、菊花的特征，经过艺术处理而组合的图案。所谓宝相是佛教徒对佛像的尊称，宝相花则是圣洁、端庄、美观的理想花形。宝相花又称宝仙花、宝莲花，是吉祥三宝之一，盛行于隋唐时期。相传它是一种寓有"宝""仙"之意的装饰图案。一般以某种花卉（如牡丹、莲花）为主体，中间镶嵌着形状不同、大小粗细有别的其他花叶组成。宝相花是隋代在莲花的基础上，以严格的

---

❶ 朱狄. 原始文化研究［M］.北京：生活·读书·新知三联书店有限公司，1999.

格律关系进行组织，花瓣层层交错，多层次晕法设色，花中套花，融合莲花、牡丹、山茶花、石榴花、葡萄等于一体而创造出瑰丽的气度。尤其在花蕊和花瓣基部，用圆珠做规则排列，像闪闪发光的宝珠，加以多层次退晕色，显得富丽、珍贵，故名"宝相花"。它的结构一直发展到明代才正式定型。有学者将其特征概括为：一是对称；二是用牡丹、菊花、荷花等两种以上的花卉进行组合；三是花瓣造型层次多而富于变化；四是外形均为圆形，花瓣的方向有正面的、侧面的、剖面的、顺倒面的等四种；五是叶子的组织结构即吸收"唐卷草"的风格，又同时带"卷草纹"的特色。在金银器、敦煌图案、石刻、织物、刺绣等各方面，常见有宝相花纹样。隋唐以后宝相花广泛流行于织锦、铜镜以及瓷器的装饰上，含有吉祥、美满的寓意，是一种独具中华民族特色的吉祥纹样。

圆形中"花团锦簇"的情景不仅表明了中国传统装饰题材的变化，而且反映了审美风格和美学特征朝向审美的主体化、生活化和自我化的表达和发展的趋势。唐代以后对于清新自由的审美趣味表达正是这种美学特征的独特表现，自由舒展的线条，活泼亲切的造型，美丽盛开的鲜花，翩翩起舞的蝴蝶无一不反映"天人合一"的完美景象。这种融合上天神秘和人间生活的情景，逐渐演化为一种中国特有的吉祥图案。在吉祥图案上看到的是形象，心中感受到的除了形象美、形式美之外，还有一种寓意美、比喻美、语言美，这就是中国吉祥图案之美，这种图案美在唐代绽放伊始，历经宋代而至今，宋代的年景图案，以春夏秋冬四季的景物、花卉组成图案，每一具体景物或花卉都对应了具体的寓意，而具体的符号寓意就是对一年美好时光的渴望（图2-6）。

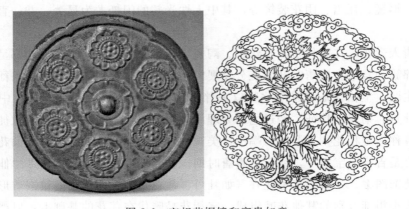

图 2-6 宝相花铜镜和富贵如意

• 一团和气

唐代以后，吉祥题材已经非常流行；直至今日，吉祥幸福依然是广大受众的追求。年画《一团和气》（图 2-7）的吉祥图形是一个笑脸迎人的童子，搭配圆满的造型，盘膝而坐，双手展开一横卷，充分表现出"一团和气"的感觉，寓意"和合致祥"。童子夸张浪漫、概括抽象的造型形式体现了民间艺术的"圆美"审美观和中国传统的"尚圆"的审美思想。在形象审美创造中，童子的外形敦厚饱满，体现了"圆形"的体量感与空间感；线条的使用流畅有律动感，体现

图 2-7　一团和气

了"圆形"的流动感与活力；施色讲求饱和鲜艳与对比均衡体现了丰富多彩的生活气息，造型的完美与意象表现了人们对生活的理解感受，隐喻着深邃的理想渴求。亚里士多德认为"美是模仿自然"，与西方传统的审美观念相左，中国传统的艺术审美观念认为，美虽然不能离开形，但美的本质不在于形而在于神，是一种主客统一的整体与"求全美满"的美学观念。人们的祈福情感通过圆圆胖胖的脸颊，弯弯的明眸，上翘的朱唇，莲藕似的肢臂得以表现与抒发，"借物抒情""以形传神"，从读图过程中可以体会孩童自然特点的基础上抽象出的意象化的美。一团和气吉祥图形所传达的是一种生命活力和丰富多彩的生活气息，渲染着生活的希望和人们对美的追求，反映出传统民间大众的心理追求与生活向往。这种崇尚"圆融"的心理架构是通过图形的直接表达、寓意的含蓄表达来追求审美目标。

● 年年有余

从远古至今，中国人一直将鱼视为一种吉物，赋予了多种福瑞、美好的意念。并将这些美好的心愿，凝结在物质生活与精神生活之中，创造出大量美妙动人的诗篇、神话、故事，同时在各种器物和纺织品上或绘、或塑、或织出千姿百态、灵动传神的鱼纹图案。❶

如图 2-8 所示，这种鲤鱼形的图形，从汉朝到唐朝一直在使用，沿袭的时间很久。双鱼纹在史前的彩陶上即有大量的出现，表现手法已很成熟并逐渐向抽象图形发展，至玉器时代出现了大量的鱼形玉璜、玉玦等饰器、礼器。青铜器上的鱼纹则更为丰富，唐、宋金银器、瓷器上"倒双鱼纹"更为常见，且千姿百态、灵动传神。可见，中国的双鱼纹有着自己完整的、连续的发展脉络。

---

❶ 赵国华.生殖崇拜文化论［M］.北京：中国社会科学出版社，1990.

图 2-8　人面鱼纹彩（陶盆新石器时代仰韶文化半坡类型采自《中国图案大系第一卷原始社会卷》）

此外，在现实世界中人们将鱼的形态通过种种巧妙的设计，并应用到日常生活的方方面面，如古代贵妇人乘坐的"鱼轩"；装箭的"鱼服"；代表信函的"鱼书"；唐宋两朝官服上的"鱼袋"内装有"鱼符"；作为发兵光证的"鱼契"；中国佛教法器中有"鱼鼓""木鱼""鱼梆"；在民间有"鱼灯"；乃至今天仍在流行的"年年有鱼（余）"的年画……鱼纹几乎成了中国社会生活和装饰艺术中一个最主要的装饰图案。

在吉祥艺术中，象征和隐喻是最大的一个特点。它通过图形或者文字信息阐述人们内心对生活或生命的美好渴望。例如常见的"鱼戏莲""狮子滚绣球""蝶扑瓜"等传统的吉祥图案，并不是用来表现实际生活的情趣和其本身的自然属性，它们都是用来隐喻阴阳嬉戏交合，化生万物的。在民间，反复大量使用鱼的形象，正是鱼的形象隐喻着多子的含义（图 2-9）。

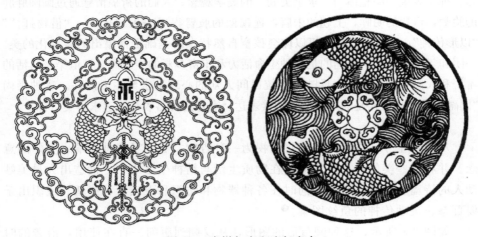

图 2-9　吉祥如意和连年有余

中国传统文化中有一种人们日用而不自知的文化载体，那就是吉祥组合图。我们常常看到一些商场或者企业在院落里会有一个池塘，里面养满了各色金鱼，实际上这不仅是因为金鱼作为观赏鱼美观，而且其中还包含了中国传统的吉祥文化，利用汉语言的特征形成的美好祝愿——金玉满堂。"鱼"与"玉"的读音相近，与"余"的读音也相近，鱼是家家户户过年时必备的一道菜肴。

每年除夕吃年夜饭时都会上一道鱼，而且这道鱼一般会等到最后才上，通常都留着不吃，剩鱼意寓"年年有鱼（余）"，所以民间还有用图画"鱼"来表现"连年有余""喜庆有余"等以预示生活富裕（图 2-10）。

图 2-10　吉庆有余图示 2 例

　　总之，吉祥图形是中国传统吉祥文化的一种视觉化形式，内容之丰富、形式之多样，在人类文化中也可以说是绝无仅有的。中国的吉祥文化源远流长，发展到明清时代达到了完备的程度而自成系统。尽管时代在发展，观念在变迁，但是，传统吉祥文化的精神依然被发展变化地传承着。现实已经向我们表明，物质文化的发达与传统文化精神的继承之间非但不矛盾，相反，物质文化越是发达的民族越能体味到传统文化的可贵，这不正是值得当代的图形设计者深思的吗。

　　● 和谐共生

　　圆形作为完美圆满的一种外在形式，除在视觉层面表现出一种对称均衡、节奏韵律、变化统一的秩序感，还在人的审美层面与美学相联系，体现出一种"乐而不淫，哀而不伤，怨而不怒"的理性的情感形式，类似于儒家"礼"的本质。这种圆形自律中的秩序性与儒学中庸的尺度在本质上是同构的，其情感的表现和舒张程度是相同的，因而其审美性也相同，都是一种平衡、中性、适度的美。这种美的品格，不仅适用于人的思想行为，也适用于社会的诸种结构，如同社会机器的调和剂，对人的心理、情感及社会关系起到一种平衡作用，不断调适人与人、人与社会秩序之间的紧张关系。中国人历来追求平衡稳定的生活，因为追求的是终极的悠久发展。天长地久是天性天道，也是人要效仿和追从的目标，况且时间在经久中方能产生强大的力量，"悠久，所以成物也"。悠久，成就万物使其发展，演化成长；"可久可大"，基业得以持久，才可发展壮大，而久长只有在事物和谐共生的状态方可存在。

主张自然与人的和谐统一，是中国文化在精神层面、思想观念上的一个突出特征。圆形的文化内涵也随着科技的进步而不断清晰化，虽然平面设计中的圆形是在二维空间讨论形式的创造，但其追求的效果和本身的文化含义是超平面的、立体的、无限延伸的；视觉传达活动也不仅仅是单向的、线性的传播过程，而是涉及社会系统和人类整个文化体系的问题，因此平面中的圆形是不"平"的，"它本身是一个活着的生命，是有呼吸的"立体形象。

① 取"圆"形：取圆形，重要的是发掘众多圆形的特征而进行总结，实现变革中的重构。太极、螺旋及民间"喜相逢"图式都是现代平面设计形式表现的最好母本。结合现代科技的发展，平面设计呈现出流动性、立体化与动态化的发展趋势，同圆形文化中有容、有动的内涵不期而遇，形成一股新的表达方式。比如中央电视台经济频道和新闻频道都使用圆形作为频道宣传的基本元素，并结合专业特色对圆形进行不同的运用。无论是红色的圆球如水般流动或如"DNA"般交互上升，还是黄色的圆形呈放射状或透明化的视觉处理，呈现在观众眼前的是区别于传统使用圆形的一种全新的方式，更加国际化，同样也从抽象的角度反映出中国传统文化内涵和文化观念的独特视角。

设计不但要表达出鲜明的实用性，更要通过某些特定的，具有民族性的符号表达和传递、象征出一种美的、让人愉悦的精神意象。现代平面设计史上那些有影响的作品，都有着内在的设计意象和美的意向。在设计中表达出的审美观，通常被认为主要是设计师个人审美意识的表达。但是，在更大程度上这种审美意象包含了一定社会人群的审美观。

在多元艺术相互融合的今天，本民族的文化传承越来越显示出其无可替代的位置。既往的设计，虽采用过不少古代纹饰作为素材及设计创新参考，但多支离破碎，很难成一完整体系，造成对内涵理解不全面、不系统和不完善的现状。古铜镜艺术虽然只是诸多传统艺术中的一小部分，但铜镜纹饰内容丰富，语汇体系相对完整，民族个性鲜明，而且在各历史时期铜镜纹饰又各具风貌，这就为当代的设计提供了丰富的艺术资源。

"形"为视觉感受的重要因素，"形"自身有相对的独立性，其审美价值，则取决于人们的审美感受与共鸣。铜镜之"形"，涵盖了形制、形式、形象与形态，其纹饰图形的内外结构、组织状态，是最直观的传统语汇符号的感性形式，具有明显的社会化特点和浓郁的民族感情色彩。善借其形，无疑会给现代设计的构成注入感悟和活力。

古铜镜纹饰造型变化丰富，无论是抽象、具象、意象图形，还是光学图形或多维图形，均包含着装饰设计构成借形的意味。如西周早期几何纹镜、商代平行线纹镜朴实无华的抽象纹饰，就如现代装饰的返璞归真；唐代海兽葡萄镜、团团瑞兽镜的具象纹饰和高逸图镜的具象装饰，在当下的写实与变形中依然传达着盛唐艺术的个性理念；战国喜鹊猴子镜、西汉四乳四神镜、唐代龙纹镜等，由抽象、具象结合诞生了意象，表现与再现和谐于一体；西汉见日之明铭镜、元代龟钮篆文镜、清代苕溪薛惠公造镜则继承青铜器铭文之风，图形与铭文巧妙同构，以字代图或组字为形，开字体编排的先河。若以多维构成看待古铜镜的内容与形式，同样具有开发的潜质。最值得一提的是，西汉透光镜以光学图形的方式，可看作是科学技术与艺术相融的典范，对现代媒体艺术有很好的启发作用。❶

传统文化是再造想象产生之源，形式和风格则是再造理念的视觉表现。借鉴古铜镜纹饰进行设计，首先应切合设计主题，通过原型的形式意蕴激活创作灵感。

② 延圆"意"：延圆"意"，一方面通过新的造型发展传统的寓意，另一方面在传统的寓意中变革发展原有的图形。如果说圆之"形"反映了中国人的视觉传统，那么圆之"意"则代表了其精神世界。那些美好的寓意是百姓生活世界内容的升华，因此最能引起大众的共鸣。圆形的传统寓意是圆满吉祥、美好智慧的象征和代言，如"花好月圆""玉润珠圆""智圆行方""功德圆满""骨肉团圆""破镜重圆"等。比如靳埭强先生设计的许多标志作品，将圆形的寓意发挥得淋漓尽致，成为圆形设计的典范。中国银行标志设计结合"圆形方孔"古钱的形象，融合"天圆地方"的传统内涵，并巧妙地将中国古钱币的图形和汉字的"中"相结合，以高度概括的方式传达出主题的鲜明文化意象；香港中华总商会标志由两个形象左右上下倒对重复，组成中间似金钱，中轴似"中"字，外弧相对旋转象征生生不息的动力和整体为本的全球发展的互助辅神；郑明明化妆品商标则将传统文化运用现代形象去表现，新月和百合花蕾，是高雅、优美而富有女性温柔的形象，将"闭月羞花"的意象美赋予产品；凤凰光学企业标志将快门与凤凰两个意象融合为一体，生动优美的形象传递着现代民族企业的精神。

③ 传圆"神"：传圆"神"，通过设计师对圆形语符的变革重构将圆形的意象恰到好处地传递出来。再如在靳埭强先生的一系列海报设计作品中，我们可以清晰地看到作者对中国传统文化精神的追求与表达，此时的"圆"又恢复为"神"的化身，成为设计中的"神"来之笔。

---

❶ 彭亚丽，靳庆金.古铜镜与当代装饰设计 [J].文艺研究，2009（12）：160-161.

"尚圆"思想下创造的设计作品，体现的是中国艺术本源的思维。同时也是文化精髓的最直接体现，是华夏民族"和"之审美的直接表达。要想发扬自己民族的文化，就必须从历史长河里沉淀下来的艺术思想和文化精髓中去挖掘、去宣扬。中国化即体现为中国大众的审美趣味、审美心理和审美意识。对于设计的认同感更多来自作品表达出的文化意象与传统意趣。平面设计符号的指涉功能就是通过意谓表达而形成，环环相扣体现着同心协力、共同企盼的美好愿望。

2.1.6　融合"和""圆"内蕴的传统文化传承转化

2.1.6.1　"和""圆"思想对老年人的影响

中国的老龄化社会进程是有迹可循的，可以预见，我国养老事业面临的挑战将持续加大，养老服务需求将进入"井喷期"。目前我国养老机构多停留在解决老人看管和衣食温饱的初级水平，面对空巢老人不断增多、老年人缺乏心理关爱的现实，老年人的生活、心理等情况的变化已经引起了较多的关注，如何针对老年人的精神需求提供高质量的养老服务，更有待于深入探索。从生理关怀到心理关怀，根据老年人心理特征，许多设计师将中国传统文化精髓融入适老化设计中，达到关爱老年群体、使其安度晚年的目的。"和""圆"美学是一套拥有悠久历史的经典理论，"和为贵""圆满""天人合一"的思想精髓与现代适老化设计理念相结合，适合老年人身心共养。

中华民族是一个历史悠久的民族，尊老敬老的传统美德深入人心，传统文化的影响深远。随着中国经济活力的增强，老年人的物质赡养方面已经基本得到解决，老年人已不再满足于基本物质生活的需要，而越来越多地要求提高精神慰藉的质量。孔子认为孝不只是衣食之道，子女不仅要让老人吃好穿暖，更要让老年人得福。因此，应对社会老龄化从根本上讲是如何实现"老来得福"，作为中华民族的精髓，和合文化极具人文关怀，且对空巢老人的精神赡养具有重要指导意义，是一种重要的精神文化资源。

老龄化社会已经来临，但人们似乎并没有在心理上和观念上做好应有的准备——人们忽视了老化是生命过程的正常现象。老年人常常被当成不正常的人：他们体力衰弱、记忆力下降，不能处理日常事务，对现代技术迷惑不解……可能是老年人的这些表征，导致了对他们的漠视。目前在国际上，"人口老龄化"问题的研究已被纳入经济社会的可持续发展课题，并已逐渐形成一种共识：一个可持续发展社会的人口老龄化应该是"健康和生产性的"。换言之，就是要通过老年资源的深入开发，以期越来越多的老年人能从"被抚养人口"中划分出来而成为自强、自立、刚健有为，甚至不断对社会有所贡献的老年人。为了宣扬这一点，联合国将 1999 年定为"世界老人年"（International Year of Older Persons），主题就是"健康的老龄化"（Healthy Aging）。❶ 我们应在观念上纠正对老年人的漠视态度，积极设计开发老年用品、设施，为"老年化"的社会做好精神和物质上的准备。

2.1.6.2　中国传统艺术与设计彰显了"和"文化精神

中国传统艺术设计，较好地贯彻了"和"文化精神。一部中国传统艺术设计史，实质上也是一部中国传统"和"文化的发展史。每一件传统艺术设计品，都深深地打下了"和"文化的印记。

我国几千年的传统艺术设计实践特别是近年的现代艺术设计实践，为"和谐化设计"提供了实践经验基础。我国传统美学中的"中和思维"对于中国传统绘画及书法艺术影响深远。中国传统绘画和书法还表现出许多对立性因素的统一，譬如刚与柔、虚与实、粗与细、力与韵、奇与平等。正是由于这些对立性因素的统一，使得我国传统书法体现了中和美的特征。中国传统绘画的意象构成包括形与神、虚与实、动与静等三大矛盾因素的对立与统一。在形与神的关系上，中国古代艺术家一方面肯定了以形显神；另一方面，大多数艺术家又强调以神驭形，甚至有些主张为了传神，在艺术创作中可以做出不同于写实的特殊处理。由此可见，绘画创作应提倡形神兼备，形与神两个矛盾因素达成统一，当然应该更突出神的地位与作用。在虚与实的关系上，中国古代画家一方面强调虚生实，无生有，知白守黑；另一方面又承认有生无，实生虚，虚从实中生发出来。总体上，绘画要求的是虚与实的统一，也就是虚实相应，虚实结合，虚实交错，虚实互渗。在动与静的关系上，中国传统绘画强调动静合一，一方面强调以静生动，首先在思维上强调以虚静清明的心斋达到精神上的无限自由，然后落实于笔端，才能从虚静的精神状态中产生动态的艺术生命力；另一方面又强调以动示静，通过极度自由飞动的神思而进入静意悠然的天人合一的境界，在艺术的表现上以飞舞的意态来营造深邃静远的意境和意蕴。

就中国古代建筑设计而言，它所体现的和谐之美表现在三个方面：①功能与形式的统一。中国古代建筑的构造与功能是和谐统一的。其实例不胜枚举，以飞檐为例，我国古代建筑中别致的飞檐翘角和反曲的屋面，是东方建筑最强

---

❶ 穆光宗.人口老龄化与经济社会的可持续发展 [J].科技导报，1997（2）：59-63.

烈的个性。它的造型和功能是统一的。中国古代房屋的四壁多用素土或三合土夯成，这种墙壁很怕雨淋，所以古代建筑师把屋檐修得很大，以起到防雨保护墙壁的作用。但是屋檐大会影响室内的采光，所以古代建筑师又设法使屋檐向上翘起，这样不仅室内有很好的光线纳入，而且形成造型特殊的屋角。②建筑与自然的统一。中国传统建筑群落以内收的凹曲线，以及依附大地，横向铺开的形象特征表达出与自然相融合的设计意念。③环境与意境的统一。中国传统建筑的意境表现是多姿多彩的。建筑的意境是由若干情景交融而又具有内在联系的意象组合，呈现在建筑师意想中的建筑艺术境界。建筑师通过很多自己感受到的建筑意象，糅进自己的情景和理想，用建筑形成。由此可见，中国古代建筑体现了"和"文化精神中的和谐之美。

中国古代园林设计同样也体现了和谐之美。它主张人与自然之间的和谐、自然与建筑之间的协调、动与静的统一，推崇淡泊平和、清新幽远等。它强调与自然的亲和关系，注重和谐与中庸。表现在造型上，中国传统园林犹如天地的缩影，有着各种各样自然景色的缩影，如山峦、岩石和湖泊。中国园林在营造布局，配置建筑、山水、植物上，竭力追求顺应自然，着力显示纯自然的天成之美。由此模山范水成为中国造园艺术的最大特点之一。中国古代园林设计所体现的和谐之美更多的是一种"天人合一"的精神境界。

2.2 设计知觉理论与设计视知觉

2.2.1 设计知觉理论

2.2.1.1 知觉理论

知觉可以通过两个过程来完成，一是自上而下的过程，即概念驱动；另一个是自下而上的过程，即数据驱动。格式塔理论认为，我们的大脑以一种主动的方式对刺激进行建构，提出整体大于局部之和的原则。

功能主义理论强调有机体对环境的适应，即生物个体要寻找能使它们有最大程度生存的机会。这种观点也称为生态学观点，认为老年人天生具有知觉环境中对他们有功能价值的能力。知觉中学习和经验的重要结果是关于我们周围环境的假设发展，这种假设有时候会导致误会知觉或错觉。❶

---

❶ [美] 鲁道夫·阿恩海姆.艺术与视知觉 [M].滕守尧译.成都：四川人民出版社，2019.

概率功能主义，即布轮斯维克的透镜模型，它是布轮斯维克用数学来描述个体知觉过程的一个模型。当对包含多维度刺激的大环境进行判断时，我们会给不同的刺激线索赋予不同的概率值，并对一系列散在的环境信息过滤，将其重新结合成有序统一的知觉。个体利用歪曲的信息对环境的真实特征做可能性的判断，它强调知觉是一个概率计算的过程，受到个体差异的影响。

2.2.1.2　格式塔知觉理论

格式塔心理学诞生于 1912 年，兴起于德国，是现代西方心理学主要流派之一，后来在美国广泛传播和发展，主要代表有韦特海默、考夫卡和苛勒，现象学是其理论基础。

格式塔，德语意指形式或图形，同时具有英语中"组织"的含义，英译为 configuration 或音译为 gestalt，中译为"完形"或音译为"格式塔"。作为心理学术语的格式塔具有两种含义：一是指事物的一般属性，即形式；二是指事物的个别实体，即分离的整体，形式仅为其属性之一。也就是说，假使有一种经验的现象，它的每一成分都牵连其他部分；而且每一成分之所以有其特性，是因为它和其他部分具有关系，这种现象称为格式塔。格式塔不是孤立不变的现象，而是通体相关的完整现象。完整的现象具有它本身完整的特性，它既不能被割裂成简单的元素，同时它的特性又不包含于任何元素之内。

在格式塔心理学知觉理论的应用中，差不多把格式塔视为"有组织整体"的同义词，即认为所有知觉现象都是有组织的整体，都具有格式塔的性质。总之，凡能使某一感知对象成为有组织整体的因素或原则都被称为格式塔。

2.2.1.3　生态知觉理论

生态知觉理论由吉布森提出，主要强调人类的生存适应，同样适用于老年人。

生态知觉理论认为，知觉是一个有机的整体过程，人感知到环境中的有意义的刺激模式，并不是一个个分开的孤立的刺激。因此，对我们来说，不需要从环境作用中获得感觉刺激，再将感觉刺激转化为人们可以认识的现象。如河流、湖泊可供人们捕鱼、游泳、行船、取水，而不能供人睡觉、散步等，自然界中许多客体具有恒定的功能性，吉布森称环境客体的这种功能特性为"提供"。而环境知觉正是环境刺激生态特性的直接产物。人在观察客体时看到的东西怎样无关紧要，重要的是你看到了什么。从生态观点来说，知觉就成为一个环境向感知者呈现自身特性的过程。当有关的环境信息构成对个人的有效刺激时，必然会引起人的探索、判断、选择等活动，这些活动对个人利用环境中客体的有用功能，如觅食、安全、舒适、娱乐等尤为重要，人只有通过探索和有效分配注意才能有所发现。

2.2.1.4 概率感知理论

知觉是人主动解释来自环境的感觉输入的过程，而环境提供给我们的感觉信息从来都不能准确反映真实环境的特性。事实上，这些信息往往是复杂的，甚至使人产生误解，可被看作是真实设计信息的推测。❶

人作为自然界中注定的一方，在接收到来自环境的一组刺激之后，经过滤、重组、聚焦等成为一个整体的知觉。然而，由于个人所生活的时空局限性，不可能对所有的环境取样。所以，我们对任何给定环境的判断也不可能绝对地肯定，仅仅是一种概率估计，个人可以通过在环境中的一系列行动评价其功能效果，从而检验概率判断的准确性。

在感知物质环境中，个人起着积极主动的作用，阿德尔伯特的相互作用心理学中指出，知觉性反映个人独特的观点、需要和目的。我们每个人所了解的世界多半是根据我们与环境交往的经验而创造的世界，老年人亦是如此。

2.2.1.5 知觉与设计

知觉就是人脑对直接作用于感觉器官的客观事物的整体属性的反映，一般知觉按不同标准可以分为以下几大类：①以起主导作用的分析器来分类，分为视知觉和听知觉；②根据知觉对象可分为空间知觉、时间知觉和运动知觉；③根据有无目的分为无意知觉和有意知觉；④根据能否正确反映客观事物分为正确知觉和错觉。

2.2.2 设计视知觉理论

2.2.2.1 视知觉的产生

视觉是光波作用于视觉分析器而产生的。视觉适宜刺激波长在 380～760nm 之间，也叫可见光，视觉器官是人的眼球，按功能分为折光系统和感光系统两部分。人对平面空间的视知觉规律包括下面几个方面。

（1）在垂直方向上的视觉　由于地心引力即重力的关系，人们习惯了自上而下的观看规律。水平上则习惯了从左往右看。文字的编排方式与这一视觉习

---

❶ 薛少华.知觉即行动：从哲学概念到机器实现 [M].北京：中国科学技术出版社，2020.

惯是一致的。在这样的环境下，会形成有限的平面空间，观者的视线落点为先左后右、先上后下。整个平面布局设计中人们的视觉习惯顺序为左上部、右上部、左下部、右下部，平面布局中左上部和上中部被称为"视觉最佳区域"。这种区域的定义不是一成不变的，会受文化的影响而改变，例如阿拉伯文、中国古汉字等都有涉及从右向左的排列习惯。最佳视觉区域这一概念的得出被广泛应用于版面设计、广告设计、招贴设计、包装设计中，具有较强的社会价值。

（2）运动中的视觉　人们除了观看静止的审视对象外，更多的是运动和参照，即移步换景、多视角、多方位感知。展示设计中观众在展示空间当中的行走轨迹也被称为"动线"，动线不仅是空间位置变化的体现，也是时间顺序的体现。这种动线不仅在展示设计中，而且在室内设计、园林设计、建筑设计中都是一个不可忽视的因素。设计师既要依据设计主题、内容、主次、节奏，通过诸如空间分割、景点分配、标志导语等安排观众动线，也要考虑观众的视知心理。

2.2.2.2　视觉"联觉"

任何事物都是一个整体，组成该事物的各个部分相互联系，互为依存，事物各个特性的感知也与其他特性感知相联系，因而在一定条件下，人们可以通过视知觉把握事物一些相应的其他感觉特性。

这种现象之所以会产生，是与人的"联觉"有关，也可以说是"通感"在起作用。即是指人的各种感觉相互作用，某种感觉感受器的刺激也能在不同感觉领域中产生经验。抽象主义大师康定斯基在"论艺术的精神"中说，视觉不仅可以与味觉一致，而且可以和其他感觉相一致。

关于"联觉"的这种生理机制产生的原因目前尚未给予科学的定义，有心理学家认为它是两种或多种分析器中枢神经部分形成的感觉相互作用的结果，是大脑分析器相互建立起特殊联系的产物。这种经验有赖于生活经验，而老年人被称为生活经验最丰富的人群，所以联觉、通感的想象经常发生。正因为经验和知识储备的建立，人们才能理解事物视觉特性与非视觉特征的关系，才可能直接感受对象的重量、质地、温度等各种丰富的元素。

2.2.2.3　视觉质感

视觉心理学家德鲁西奥·迈耶把通过联觉产生的现象称为"视觉质感"。这一表达很好地描述了我们看到的质感，这种视觉质感吸引我们亲手去触碰或同我们眼睛很接近，通过质感产生一种视觉上的感觉，这其实同样适用于一件雕塑、建筑作品、产品等，也适用于室内装饰设计、陶瓷、工业产品设计，同时能适用于质感出现的任何场合。

在多数情况下，设计产品的受众触觉是通过视觉质感调动起来的，或者说是被首先调动起来，再由他们亲手触摸加以验证。所以现代设计师，尤其是平面图像设计师，应当根据需要把调动受众质感能力也纳入思考范围，设计时应考虑受众的相对共同生活经验。

通过学习认识与知觉设计心理，我们了解设计心理学的基本理论体系。认识与知觉设计心理是设计学与心理学交叉发展出来的，主要研究行为与心理的相互关系在设计中的应用。从心理学的角度来看，认识与知觉设计心理是设计专业针对人的各种行为心理进行分析研究，在社会—人—机—环境的大系统中，认识与知觉设计心理所研究的人自身的心理各因素不可避免地与其他因素发生相互作用。对设计而言，首先要将人自身的各心理因素分析清楚，同时了解社会、环境对人的影响，然后才能设计出实用、适用的产品和空间，进而影响社会和环境。现代设计认知心理学的研究目标就是弄清楚人的因素，明确设计在社会中的作用与地位，进而勾勒出设计的整理轮廓。现代设计学、心理学都是跨学科的综合体，将它们结合在一起，就要将横向的各门学科综合研究。结合设计、心理学、艺术、文化等多种方面对设计进行研究，构成现代设计认知心理学的大概轮廓。通过对相关心理的分析研究，最后反映于设计中，使设计能够反映和满足人们的心理。

2.3 现代通感设计思维

2.3.1 通感

我们生存和成长在感觉世界中，我们经常为周围环境中的刺激所冲击。我们的感觉世界是以永远变化着的一系列光、色、形、声、味、气息和触感为其特征的。一般人的感觉包括视觉、听觉、触觉、味觉、嗅觉等，而人类获得外界的信息主要靠的是视觉，那么，为什么人会对视觉接触到的物象有其他感官的连带反应？又为什么会由于触景生情产生一系列的联想？这就是我们需要研究的课题——通感。通感指的是人的各种感觉经验之间的彼此联系、相互转化的心理现象。在日常经验里，视觉、听觉、触觉、嗅觉往往可以彼此打通或交通，眼、耳、舌、鼻、身各个官能的领域可以不分界限。颜色似乎会有温度，声音似乎会有形象，冷暖似乎会有重量，气味似乎会有锋芒。可见，通感现象是人类共有的一种生理和心理现象。通感又有着特殊的审美效应，在艺术创作中它可以把听不见、摸不着的经验感受凸显出来，引起欣赏者的共鸣。在设计中如果能恰当地运用通感，就可以弥补视觉表现的不足，以视觉传达设计为例，包装可以有味道，招贴可以充满音乐，广告可以充满香味。由此，可以探索出富有创造力和较强沟通力的视觉形态。❶

朱自清在《荷塘月色》中描述："微风过处，送来缕缕清香，仿佛远处高楼上渺茫的歌声似的。"清香是嗅觉，歌声是听觉，作者将两种感觉互通，即为通感。通感（Synaesthesia）在心理学上也称为"联觉"，特指人的视、听、嗅、味、触五种感官相互影响作用的现象。美国心理学家安迪·梅尔索夫（Andy Meltzoff）将通感定义为"Cross-model Transfer（跨感官迁移假说）"（1979 年）。在心理学上，通感是指不同感官产生的感觉同时作用，触发多重感觉交互影响的心理现象；指由一种已经产生的感官感觉诱发另一种感官感觉的兴奋而发生感觉的"挪移"；或由一种感官感觉的产生促进另一种感官感觉的"加强"。在生理学上，美国神经学家理查德·西托威克（Richard Cytowic）和大卫·伊格曼（David Eagleman）也为之定位："联觉是一种具有遗传性的生理特征，由某一种感官触发刺激能够引起自主的与刺激源有不同实在属性和概念属性的意识感觉。"

古希腊的亚里士多德在《心灵论》中提到，声音有"尖锐"与"钝重"之分，听觉与触觉之间存在一种对应关系，各个感觉之间有挪移的现象。我国道家也有"夫徇耳目内通，而外于心知"的说法，强调通过"心"把五官统一，以达到物我同一的境界。当然，由于中西方文化和思维方式的不同，对通感的描述会有差异。英文的通感"Synesthesia"源于希腊语，意为"together perception"，从字面上来解释就是"联觉"或"移觉"。西方人对通感的描述侧重的是感觉之间的挪移，如十八世纪的圣·马丁曾说自己能够"听见发声的花朵，看见发光的音调"。中国对通感的描述则是以"心"为主统治感官，如"眼如耳，耳如鼻，鼻如口，无不同也，心凝形释，骨肉都融"。从这些描述中我们感到，通感似乎出自一种虚无缥缈的、神秘的经验。实际上，通感现象是非常普遍的心理现象，它的产生也不是凭空的，我们可以结合中西方传统和现代关于通感的观点，对通感有一个全面的了解。

从广义上讲，通感可以作为语言学、认知心理学、生理学、修辞学、哲学、词汇学等众多领域的概念，设计中的通感现象主要与文学上的通感修辞关系密切。文学上对于通感修辞的解释，是在描述客观事物时，用形象的语言使感觉转移，把适用于甲类感官上的词语巧妙地移植到乙类感官上，使视觉、听觉、触觉、嗅觉、味觉等感觉彼此相通。人的认识活动，一般是从感觉、知觉到表象，进而形成概念、判断和推理。

---

❶ 周黄正蜜.康德共通感理论研究［M］.北京：商务印书馆，2018.

人的各种不同的感官，只能对事物某些特定的属性加以认识，因此在人们从感觉、知觉到表象的过程中，实际上也是各种感觉器官相通的过程。人类艺术活动的"通感"实际上就是人们的认识活动的一种艺术表现形式。

审美是人类特有的活动。通感，就是在人们的审美活动中使各种审美感官，如人的视觉、听觉、嗅觉、触觉、味觉等多种感觉互相沟通，互相转化。钱钟书先生说过："在日常经验里，视觉、听觉、触觉、嗅觉、味觉往往可以彼此打通或交通，眼、耳、舌、鼻、身各个官能的领域，可以不分界线……"可见，通感广泛地存在于人们的日常生活感受之中，就像你看着满园的春色，会哼起"春之歌"一样。现实生活的文字的印记也不可避免地打下了"通感"的印记。例如，"摇曳的音调""表情冷漠""一弯寒月"等词语中，视觉、听觉、触觉构成了通感。人们常用"甜美"形容歌声，"甜"本属于味觉印象，"美"属于视觉印象，"歌声"则属于听觉感受。人的五种感官，"通"得最普遍的，是视觉与听觉。运用通感，可突破人的思维定式，深化艺术。通感哲学基础就是自然界普遍相通的原则，客观事物都不是孤立存在的，它们之间有着千丝万缕的联系。通感同样也可以用声音和色彩等手段去表达人类的感情，它成了写作实践中一种重要的艺术表现手段。在现代文学作品中，通感的使用，可以使读者各种感官共同参与对审美对象的感悟，克服审美对象知觉感官的局限，从而使文章产生的美感更加丰富和强烈。

2.3.2 通感的构成

我们的审美活动微妙地包含了感觉、表象、联想、想象和情感、兴趣等，而且审美活动存在于我们的身边，无处不在。通感审美可以突破传统的一般感觉认知的限制，综合协调各种感觉能力，丰富深化人们的审美体验，多层次、立体式地展现自己的魅力与光彩。由于每个人的生活阅历、兴趣爱好、性格气质不同，通感意象也总是因人而异、各有特色、无穷无尽，从通感意象特点的角度将其分为三种类型：感觉挪移、表象叠加、意象互通。

2.3.2.1 感觉挪移

感觉挪移是由一种感觉转移到另一种感觉或者由一种感觉产生另一种感觉。感觉挪移是通感中比较常见的一种类型，一种基础的、普遍的通感形式，也是最贴近感知活动的生理机制，比较贴近于感知对象的特征。很多情况下发生在两种特征非常相近的感觉之间，如视觉与听觉、视觉与触觉。例如，德芙巧克力的广告，视觉上看来丝质顺滑、柔软细腻的巧克力轻盈灵活地滑过女孩的肌肤，伴随着柔美的音乐，我们似乎触碰到顺滑的丝绸。它们之间就自然而然地建立起神经联系，相互沟通、相互反映，产生了感觉上的挪移，由一种视觉上的刺激产生了触觉上的感知。

2.3.2.2　表象叠加

通感的第二种类型是表象叠加，也是感觉挪移的升华，表象叠加是多种通感的混合，它是在认知经验的感觉中让想象自由发挥、触类旁通、任意发散，产生一系列效应，形成多重感觉综合的通感意象，这种多种叠加的方式不是简单机械地凑到一起，而是艺术创作者花费很多心血用情感把所有的感觉表象融汇到一起，多角度、多种手法表现、反映客观事物，丰富开拓了艺术作品的精神内涵和审美寓意。表象是对客观事物的浅显认识，包括生活经验的积累、思维定式习惯性的认识等，它必须通过一定的感知形象体现出来，形成比较复杂的心理活动。设计作品的体现不是单纯事物的直接表现，而是艺术创作的新形象。这个过程中人们必须发挥自己的想象和联想才能使意象的产生成为可能，甚至有的读者能感受到创作者原本没有想表达的深层含义。

2.3.2.3　意象互通

意象互通也是通感的一种类型，我们认为，人的思维、情感、性格、思想等与客观事物相互融会贯通的关系，简单说来就是意象互通，而且是通感的重要表现方式。"意"与"象"是两个相对应的概念，"意"指人的意念、情感，是主观、抽象的，只能够通过感知间接获得；"象"是指外在事物，是客观存在的、物质的、具体的，我们可以直接感受到、看得见、摸得着的，可以通过人的感觉器官直接感受到。"意象互通"是指人的内心情感在某种条件下可以与外在事物相对应和感通。如果说生理感觉与外界事物的通感是感觉挪移的话，那么人的心理知觉与外界事物的通感就是"意象互通"。根据格式塔心理学的观点，人的内在感受虽然与外在事物有质上的区别，却有着相同的结构，在大脑中激起相同的电脉冲，从而产生一种心物互通的关系。意象互通在艺术表达上主要有两种方式，一种是以象表意，也可以理解为借景抒情，如诗句"问君能有几多愁，恰似一江春水向东流"。另一种相反，意通于象，以物类情，化景物为情思，如"落日含悲""红情绿意"等都属于此通感。

"意"则是指人的意态、意绪、意趣、意志等，是人们所追求的丰富内心世界的体现，一般具有三个层次：传神、抒情、言志。"意"与"象"的互通，则须通过"感"才能得以链接、转换，主要包括视、听、触、嗅和味等感官通道。人们通过五感对事物表象的接触与感受获取信息，并通过大脑对其进行信息加工，形成相应的伴随体验，其相互关系模型。

意象的产生不单单是对过去已有经验的重现，而是由于表象运动与升华的结果，它的突出特征是融入了人的情感，体现了主观的情和理与客观的形和神的相互渗透与制约，引用我国古代文学批评家刘勰所说，就是"神用象通，情变所孕"。通感贯穿在意象正在酝酿和已经物化了的全部艺术创作和欣赏过程中，表现为由我及物、由物及我的情感挪移，具有这种通感的艺术作品则可以成为意象的承载体，能够诠释生命的意义与价值。与意象的概念有所区别的是，通感的重点在于"通"，在于物质和精神相交融的过程，至于已经形成的物我同一的意境则是通感的结果，本质上不属于通感的范畴。

通感设计是借助视觉、听觉、嗅觉、触觉、味觉等感知系统，对现实世界进行感应、匹配，使不同的感官相互融通，并通过设计对产品进行全新诠释，将用户从较为单一的感知方式中释放出来，使产品信息在快速、准确、及时传递的基础上，更为生动、多样化，从而创设具有"陌生化""新奇感""趣味性""系统性"的感觉路径和形式，使用户获得多维而独特的体验。而通感设计中的意象互通，是对于使用产品的用户来说，通过感官通道接触、获取产品中"象"的信息，并进行感觉的互译和叠加，使用户内心与产品的"象"产生交融，引发用户共鸣，从而用户获得更为生动、多样、趣味、深刻的独特体验。

（1）意象互通之传神　"神"强调了逼真的意象与形态，能在感觉上引起共鸣，即通感中刺激物和伴随体验形成对接。"传神"指的是将原有事物的表述和传达变得更为生动更逼真。"传神"是我国传统艺术中的重要表现手段之一，南齐的谢赫首先提出的绘画"六法"中，"气韵生动"为最上。《六砚斋笔记》中记述"元僧觉隐曰：'吾尝以喜气写兰'"。其中对于"喜"的描述，以兰的花叶舒展飘动，如同愉悦舞动的少女，从而传达出"喜悦"的感觉，此处将舒展吐露的兰花通过生动形象地传达与欢快的舞者联系，赋予兰花"喜"的意态，及时快速精确地激发用户联想，即意象互通的传神。在通感设计中，如果说感觉挪移强调的是感觉互译的准确，那么意象互通中的传神则更为重视生动的再现，或是产品生动形象的表达。在产品设计中主要通过产品的形色质表现与另一事物产生联系，从而进行语义联想。通常该类产品的"神"指的是形象地表达造物特征或形态，是典型化的艺术形象。例如原研哉为长野冬季奥运会设计的节目册为体现冬奥会的特点，将冬季的特色融入了设计中。采用了一种白色松软的纸，以压凹和烫透的方法，使文字部分凹陷下去，呈现半透明的效果。如同晴日里的雪原，在阳光的照射下，白茫茫的雪地泛着柔和的暖光，好似抚摸着蓬松绵软的棉花，被纯净的白雪所包裹，形象生动地表现出冬日的氛围和漫步在雪地上感觉，凸显了冬日的轻松柔和又纯净的感觉。将视觉转换为触觉，为突出冬奥会的特色将冬日的特点进行提取，提炼了雪地脚印的意象，凸显了冬天的特色。

（2）意象互通之抒情　"情"为抒情，抒发作者的感情。使人们感受到作者的思想感情，能够切身体会其所表达的情感，在接触到此事物时，通过共同的经历或记忆激发过去的回忆，唤起个人的情感共鸣。抒情是艺术形式中重要的表现手段之一，例如在中国传统诗词创作中抒情诗占据了半壁江山，如"问君能有几多愁，恰似一江春水向东流"。"愁"本为无形的东西，愁思也不是"多少"一个数字的问题，而是像那一江春水一样是有深度、有广度的。水是客观具体的物象，愁是主观抽象的感情，将春水喻愁，把愁情的痛苦和绵延通过春水的流动凸显出来，使人准确快速回忆起江水的广阔与连绵不绝，体会到作者所经历的情感，唤起对于愁的共鸣，是为意象互通的抒情。文学中通过作者在诗词中对于物象的选择和描述表达出作者的情感，同样在产品设计中设计师通过对产品的外在物象以及行为方式进行主题设计，通过产品本身或用户在使用过程中与记忆中的事物有相似性，引发回忆，使用户在使用产品过程中体会到设计师预计达成的情感，常以"物"联系至"情、景、事"。例如 Nendo 工作室设计了一款"Sunset 日落蜡烛"。其外表看上去和一般的白色蜡烛没有区别，点亮后烛芯会随着时间流逝出现不同的颜色变化以及香氛交替。蜡烛并不仅仅是提供光亮，颜色的变化也在提示着时间的流逝。随着蜡烛的燃烧，蜡烛烛身长度的减少，蜡烛内芯颜色从黄色开始依次变为橙色、红色、紫色，最后变成蓝色，如同正在缓缓下落的太阳照映着天空的颜色，从落日前的微黄天空，到太阳下落时"半江瑟半江红"的橙红色，再转变为太阳基本落下，仅剩的落日余晖映照出来的紫色，最后太阳完全落下，留下天空原本的蓝色。与此同时，每一种颜色对应了自己独特的味道：初期清新的佛手柑、清爽的柠檬草，再到中间最为热烈的甜马郁兰，逐渐转变为芳香治愈的薰衣草，最后归于深蓝色天空的浓郁天竺葵。

（3）意象互通之言志　"志"指意志，即深层次的反思。"言志"是以物象表达作者意志，体现反思层次的深层含义。通过描述或事物的展现，使人们能体会到深层次的哲学内涵，对人、事、物、环境进行思考，激发用户反思，达到作者想要表达的意图。"一寸光阴一寸金"将难以具化的时光喻为金子，体现出时间的珍贵，引发人们不能浪费时间的深层反思。"言志"是以"传神""抒情"为基础的表达形式。在文学领域中对于意的体验在现代产品中同样适用，将产品与有哲学层面的思维进行联系，激发用户反思。实现"物"联系至"情、景、物"再联系到"反思"的深层思维，"反思"包括了个人志向、社会责任，例如环保意识、人文关怀、文化传承等深层次思考。"言志"表达的是精神境界和人格风貌，内在的思想与情感或愿望意志和心态情绪。例如为WELL的水井式玻璃台灯是由 Mejd Studio 设计的，其灵感来源于传统的手摇式辘轳的外形和工作原理，使用木质的手摇式辘轳控制灯泡所处的位置，以此来完成灯的亮度调节，如同真的小型水井一样。其外形是一个水井的造型，瓶身是半透明渐变色，上半部分为完全透明的玻璃，下半部分是如同烟雾的磨砂质感。灯泡部分的设计采用了黄铜材料，使其拥有更合适的重量感，更容易进行上拉或下降的动作，更加具有"提水与放水"的质感。当调节灯的亮度时，用户摇动辘轳架，灯泡就会像小水桶一样在瓶内上升下降。在水井灯中，主要以传统古井形态和工作原理为基础，用户在使用过程中，通过摇动辘轳感受到黄铜材质的沉重，通过触觉的重量感知，联想到当提拉装满井水后的水桶时的沉重感，需要费力地进行拉动，体现出能源获取的不易；在操作过程中，通过摇动辘轳使其上升下降，模拟提水与放水的行为方式，当进行提水行为时，灯才逐渐变亮，表达出只有付出了才能得到，以及现代的各大能源的缺乏，寓示珍惜能源，重视能源危机。通过触觉的感知变化转移为视觉上灯光的明暗，将触觉至视觉的挪移，从产品本身及其操作方式通过用户摇动辘轳，才能获得更多的光照，体现了能源的重要性。

意象互通中"意"的这三个层级都在于使用户与设计师之间产生共鸣，这三个层级的关系是思维逐步深层的过程，通感设计中的"传神"强调在感觉挪移的基础上，通过生动逼真的产品形态创新，使用户能够自然产生共鸣，是意象互通中的最直接体现，属于"反射性"思考。"抒情"不仅有感觉挪移，还包括了多觉叠加，将"物"与"感情"相联系，相较于"传神"的直接反馈，它在思考的过程中唤起记忆，触发情感，处于思考层次中"反射性"以及"转换性"之间。"言志"是前两者的升华，以"传神"和"抒情"为基础，是用户站在哲学层面上对于信念、价值观等进行的联系性思考，属思考层次中"转换性层次"和"批判性层次"之间。

总之，通感是我们认知过程中信息处理的中介系统，也是创新设计的必备条件，是人类共有的一种客观存在的心理机制。与我们的感官相互配合就发挥了它的认知和审美功能，以三种方式：感觉挪移、表象叠加、意象互通运作着，并把信号投射给大脑神经中枢形成思维，来指挥我们的行动。通感的功能和构成方式对视觉符号和语言的梳理有不可替代的作用，并可以帮助受众群体进行通感感知、通感思维和通感体验。

第 **3** 章　老年人信息
需求模型及实践探索

3.1　老年人的心理状态

人进入老年，不仅会在生理方面发生很大变化，在心理方面也会有很大变化。老年人的心理状态主要表现在以下几个方面。

（1）**孤独寂寞感**　老年人退休后，子女可能无法成天陪伴，加之他们自身的感知能力退化，对比工作时的忙碌，突然的清闲会使老年人产生明显的孤独感和寂寞感。

（2）**失落挫败感**　对于老年人来说，一旦离开工作岗位，基本的生活模式就由工作变成了休息，主要活动范围也由工作单位变成了家庭。这种变动对他们心理影响很大，他们习惯性怀念工作环境，思念工作中的朋友与同事，如果在生活中找不到别的精神依托，内心难免会生出失落挫败感。

（3）**自卑矛盾感**　老年人退休后的社会地位由"不可缺少"变为"无足轻重"，社会角色由社会事业人士变为宅家老年人，有的老年人会觉得自己没了社会价值，因而产生"老而无用"的消极情绪。这种不良的情绪，往往会对他们造成心理上的压抑感、矛盾感和自卑感。

（4）**抑郁浮躁感**　老年人的情绪容易波动，有些老年人对于事物期待值越高，情绪受影响指数越低，这也促使了老年人的情绪更易自卑、易激动、易孤僻固执等。因此，对于老年人来说，对待生活及事物要求不能太高，要保持个人情绪的稳定。

3.2　老年人的需求层次模型

随着中国人口老龄化进程的深入，关于老年人需求的研究层出不穷。本节主要采用演绎法和文献分析法对老年人的需求进行分析。演绎是从一般到个别的推理方法，或通过一般认识到个别的思维方法。演绎与归纳相反，它是从普遍性理论或一般性事理推导出个别性结论和新结论的逻辑方法。老年人属于人类的一种，我们可以参照人类的一般需求演绎出老年人的需求。

马斯洛需求层次理论（Maslow's Hierarchy of Needs）是行为科学的重要理论之一，由美国心理学家亚伯拉罕·马斯洛于 1943 年在《人类激励理论》一书中提出。马斯洛需求理论层次将人类的需求划分为五个层次，即生理需求（The Physiological Needs）、安全需求（The Safety Needs）、情感需求（The Love Needs）、尊重需求（The Esteem Needs）及自我实现需求（The Need for Self-actualization）。这一理论已经得到广泛的认可，将其作为研究老年人需求的理论推导是可行的。

下面采用了文献分析法，对老年人的需求进行了抽取和归纳，利用中国期刊全文数据库和英文数据库 Elsevier 进行检索，从中提取关于老年人需求的关键词，如饮食、情感、护理等，并根据马斯洛层次需求理论将这些关键词分为五类，分别为生理、安全、情感、受尊重和自我实现的需求（表 3-1）。

表 3-1　老年人需求分析

层次	出现频率较高的关键词	需求结论
生理	物质生活、长寿、保健品、交通便利、老年公寓、异地养老、减轻儿女负担、饮食、衣着、老年失能或残障、日常生活照料、丧偶独居、陪护中心	衣、食、住、行、受护理
安全	身体健康、看病、医疗条件、医药费、经济保障、可支配收入、法律权益服务、子女虐待父母、养老机构、政府救济、社会保障、福利政策	生命安全、养老安全、社会安全
情感	家庭温暖、爱情、心理情感危机、孤独感、精神慰藉、心理健康、宗教信仰、老年俱乐部、上网聊天、老年电视节目、社区文化、老年玩具、老年活动	亲情、友情、爱情、团体、信仰
受尊重	爱面子、自尊心、他人态度、体型、知识、修养、家庭地位、健康自评、社会歧视老人、欺骗老人、尊老敬老	自我肯定、家庭地位、社会地位、团体地位
自我实现	完善自我、找工作、取得成就、老年大学、特长、与时俱进、老年人事业社会贡献、发挥余热、再就业	掌握新知、创造价值

从上表中我们可以看出，老年人由于年龄的增长，身体功能的退化，他们作为较为特殊的人群，除了跟其他人一样的需求外，还具有一些相对突出的需求。表中的最后一项"需求结论"已经阐述清楚。具体总结如下。

（1）交往需求　交往是老年人极其重要的需求。老年人退休在家，人际关系发生变化，朋友减少；多数老年人退休后深居简出，社会消息不互通，从而导致有些老年人产生空虚、无聊的心理，严重的还会感到抑郁。因此，老年人比年轻人更加需要与人交往。老年人需要保持与子女的联络，需要与邻里进行往来，社会对于老年人的社会交往关怀至关重要，也是老年人对"老有所依、老有所乐"的需要。老年人对于亲情的需要无论是从生活上还是物质上都十分渴望，他们最需要的是与子女及亲戚间的亲密交流。针对老年人需要交往、交流的需求，在居住类型、公共空间等居住环境设计中要充分体现出感情的真实需求，做到面面俱到的服务设计。

（2）安全需求　安全是老年人最基本的需要，由于老年人的身体功能下降，行为意识与动作不协调，所以有比过去更强烈的安全要求。安全需求是需求金字塔的第二层需求，比生理需求要高一级，当生理需求得到满足以后就要保障安全需求。老年人在现实生活中对于安全感的追求会更加强烈，尤其是在居住空间的设置方面，老年人应有属于自己的独立居住空间环境，满足其安全性和私密性的需要。例如，室内、室外空间有高差的地方要设置坡道、扶手；居住环境的空间地面要防滑；居住楼层不宜太高，以便于老年人进出和下楼活动，有条件的最好安装电梯，且电梯内也应安装扶手；老年居住环境的家具选择一定要符合老年人的人体尺度需求，家具的形状、材料都应充分考虑老年人的使用安全要求，且选择的家用电器要考虑操作简单、使用安全等。

（3）归属感需求　老年人需要得到别人的尊重，想要让他人接纳自己，并且得到群体组织的认可。满足老年人需要自我尊重的需求以及需要自我实现价值、能够体现能力的多方感觉，这些需要一旦有所追求就会产生推动力，有不断的信念需要去完善；反之，这些需要一旦受阻，就会使他们产生自卑情绪、无能虚弱感。对于老年人来说，被尊重是至关重要的，他们对于他人的看法比较敏感，自尊心强，特别需要被尊重。这种尊重往往会延伸到老年人的自身修养及自我身型、穿衣打扮等方面。现代社会是与时俱进的时代，老年人需要"活到老，学到老"，在自身精神需求得到满足的同时，学会照顾自己，不被社会抛弃，树立新时代老年人的精神面貌，表现自食其力的自立态度。因此，在进行适老化设计研究时，设计师一定要考虑老年人的学习需求，向其提供有效的学习空间，并选择合理的学习用品。随着社会科技的发展以及网络时代的到来，老年群体所学的内容也变得丰富多彩，适老化设计也应该看到未来发展方向的这些可能性，并推出积极的应对措施。此外，在居住空间设计要多方面地满足老年群体居住的无障碍设计，使老年人通过完善的居住环境设计让自己可以更好地独立生活。

（4）娱乐需求　老年人的娱乐需求往往与交往需求、社会需求、健康需求相统一、相结合。常规的娱乐需求多为看电视、看电影、打牌、打麻将、听音乐、唱歌跳舞、钓鱼等，老年人通过这些传统的娱乐方式加深了自己与他人之间的交流。这些娱乐项目不仅有着深厚的文化，还有着浓厚的历史背景，老年人聚在一起快乐地度过晚年生活，也是十分惬意的事情。如今，在科技时代环境下，老年人的娱乐项目也有很多智能化的选择。因此，在整体的适老化产品设计中，还是要考虑老年人本身的特点和需求，结合个体特征，匹配适合老年人交往的娱乐需求设计。

（5）其他需求　在满足了交往需求、安全需求、归属感需求及娱乐需求后，还有最高等级的需求——自我实现。自我实现意味着能够使自己有一定的成就感，为了追求一定的目标而充分、活跃地参与工作，把工作当作一种有趣的创作活动，能够成就自我的人生目标，实现自己的抱负。满足这种需求就要求完成与自己能力相称的工作，最充分地发挥自己的潜在能力，成为所期望的人物，这是一种创造的需要。老年群体也希望能够在晚年时光发挥自己的潜能和余热，为社会做一些能够实现自身价值的事情，也能够在追求个人兴趣爱好的过程中，得到成功的感受及内心的满足感。适老化创新设计研究，应为老年人实现自身价值创造条件。

3.3　老年人信息需求层次模型

在前两节的基础上，根据投影的方法，从信息论视角对老年人的需求层次模型进行投影，得到老年人信息需求的层次模型。见图 3-1。

3.3.1　衣、食、住、行和护理等生理需求

马斯洛需求层次理论的第一个层次是生理需求，除包含一般人的生理需求如衣、食、住、行等方面外，由于老年人自身存在一定的行动障碍或认知水平下降，可能无法独立地保障自身的生命安全，据此，老年人的生理需求还应该包含受护理的需求，即需要帮助老人、爱护老人及日托照料等。帮助老年人有

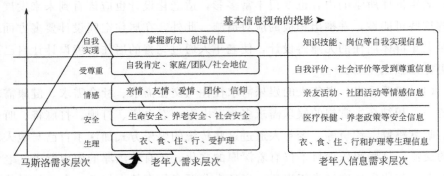

图 3-1　老年人信息需求层次模型的分析过程

效地满足上述需求后，可以使老年朋友提高生活质量，提升幸福指数。

3.3.2　医疗保健、养老政策等安全信息需求

马斯洛层次需求理论中第二层为安全需求。黄静在 2008 年提出安全需求具体体现在生命安全、养老安全和社会安全。其中，生命安全的需求具体体现在对医疗保障体现的需求；养老安全即从制度和政策上保障老人老有所养；社会安全则体现在社会对老年人所形成的安全保障，如供老年人特殊需求的公共设施等。

3.3.3　亲友信息及团体活动等情感信息需求

对于一般人而言，马斯洛需求层次理论中的情感需求包括两方面的内容：一是爱的需求，包含友情、亲情和爱情；二是归属的需求，就是希望成为群体中的一员，并相互关心和照顾。从数据中我们发现，老年人对于情感的需求比一般人更为强烈。老年人不仅仅需要来自儿女、伴侣的信息，更需要来自朋友的近况信息。对于希望找到新伴侣的老人，也需要针对老年人的婚介信息。为了使老年人有归属感，他们也需要其所关注的团体、兴趣小组、宗教信仰等相关信息。

3.3.4　自我评价、社会评价等受尊重信息需求

一般人受尊重的需求可分为内部尊重和外部尊重。内部尊重是指个人对自己实力充满信心、具有独立自主能力的需求；外部尊重是指个人希望外部对其尊重、信赖和高度评价。结合老年人的特点分析，受尊重的需求具体体现在下

面几点：①老年人对自我的肯定；②老年人在家庭中的地位；③所在团体或团队中的地位；④一般性社会地位。

在信息需求层面上，老年人的内部尊重主要是指老人的自尊，来源于个人对自己实力充满信心，这需要依靠自我评价的工具和信息；老年人的外部尊重是指个人希望外部对其尊重，这需要依靠社会评价的工具和信息。老年人可以根据自我评价和社会评价的信息调整自己的态度和行为，并且进一步加强自我能力，使自己在家庭、团体、群体及一般性社会的地位得到保持或提高。

3.3.5　知识技能和工作岗位等自我实现信息需求

这点是马斯洛需求层次理论的最高层次需求。老年人在实现个人毕生梦寐以求的理想或发挥个人所长为社会创造价值时，需要掌握新技能和学习新知识。老年人的知识和经验是社会的宝贵财富，社会应该整合多种资源，向有工作需求的老年人提供更多的工作岗位信息，让有再工作能力的老年人能够找到让自己发光发热的岗位。

目前，学术界对于老年人各个需求层次的关注程度是不同的。对老年人的生理需求、安全需求关注最高，其次是情感需求的关注，对受尊重需求和自我实现需求的关注度最低。随着经济和社会的发展，老年人生活条件得到极大的改善，社会应该扩大老年人受尊重及自我实现的需求的关注。

3.4　老年人信息需求模型的实践探索

前面分析研究老年人的信息需求模型，是为了探讨如何采用合适的信息技术或信息系统（Information Technology/Information System，IT/IS）产品来满足老年人的信息需求，以及探讨如何针对老年人信息需求设计相应的适老化IT/IS产品，如图3-2。

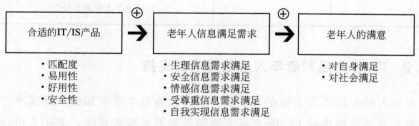

图 3-2　针对老年人信息需求设计相应的适老化 IT/IS 产品

从上图中我们可以得出两点：一是，IT/IS产品如何支持老年人的信息需求模型，使老年人信息需求得到满足；二是，老龄化社会对IT/IS适老化产品的设计会产生哪些影响。

3.4.1 IT/IS 对老年人信息需求满足支持

在我国老龄化不断加剧的今天，IT/IS将会发挥极其重要的作用，对老龄产业产生积极的影响。它可以从满足老年人的生理、安全、情感、受尊重和自我实现等信息需求角度出发，提供相应的信息技术和信息产品，从而提高老年人的生活质量（表3-2）。

表 3-2　IT/IS 对老年人产生的支持作用

针对的需求层次	针对的信息需求	相关的 IT/IS 产品实例
生理需求	衣食住行信息	老年生活类网站、养老服务平台
	护理信息	护理信息系统、信息化老年公寓、可穿戴设备
安全需求	医疗保健信息	报警应急设备、健康跟踪档案、远程医疗
	养老政策信息	养老政策和保险网站
情感需求	亲友活动信息	电子邮件、微信群、陪聊机器人、生命历程数据
	社团活动信息	公众号、微信、网络社区等
受尊重需求	自我评价信息	老年人自我评价网站等
	社会评价信息	老年人社会评价网站等
自我实现需求	知识技能信息	远程老年大学、老年教学软件、慕课、直播等
	岗位信息	经验日志、技术论坛、老年人工作辅助工具、再就业平台、老年志愿者系统等

3.4.2 IT/IS 产品对老年人生理需求的支持

老年人的生理需求主要是衣、食、住、行等基本需求和受护理需求。目前大多数养老企业提供的IT/IS产品主要是各种养老服务系统，老年人可以通过打电话、上网等多种方式登录相关平台获取信息，获得服务，保障老年人的基本生存需求。另外，护理信息系统可以存储老年人的护理需求和护理进展情况，老年人还可以通过穿戴设备提供身体信息，监护人也可以通过相关系统或手机应用等了解老年人身体状况和需求。

3.4.3 IT/IS 产品对老年人安全需求的支持

在生命安全方面，可以利用 IT 技术制造适合老年人的报警应急设备，如带报警和定位功能的安全手杖。在医疗保健信息的支持方面，可以通过医疗信息系统的建设和运行，建立老年人健康跟踪档案，完整记录老年人以往的医疗信息和基本状况，为医生提供身体信息。还可以通过远程医疗，运用互联网技术向行动不便的老人进行家庭诊疗。

3.4.4 IT/IS 产品对老年人情感需求的支持

从满足情感交流的角度出发，一方面互联网可以跨越空间的鸿沟，利用即时通信工具、电子邮件、微信等方式将身处异地的老年人与亲人朋友建立联系；另一方面，IT/IS 产品可以突破时间的界限，让老年人时刻可以感受亲情、友情、爱情的存在。IT/IS 产品可以丰富呈现形式，突破单纯的图片资料，将动态影像、视频充斥于生活，也可以采用人机交互技术，让陪聊机器人、机器宠物等丰富生活；最后从满足归属感角度出发，网络的普及让那些行动不便的老年朋友通过微信群、微信公众号、网络社区等媒介，了解社会团体和宗教信仰的相关信息，并参与感兴趣的活动，增强老年人的归属感。

3.4.5 IT/IS 产品对老年人受尊重需求的支持

老年人期望受到尊重，期望得到家庭成员、社会团体的肯定。相关机构可以开设老年人自我评价系统，根据科学的自我评价体系，让老年朋友可以进行自助式自我评价。同时系统也可以在老年团体、社区等开通互评机制，实现多元化评价体系，让老年朋友可以根据自评和他评的综合结果调整自己的态度和行为，树立正确的自我意识，增强自信心，并且通过进一步学习来保持和提升家庭、团体及社会地位。

3.4.6 IT/IS 产品对老年人自我实现需求的支持

IT/IS 产品不仅可以帮助老年人掌握与时俱进的技能，也可以为他们创造自我完善的途径。老年大学、慕课、直播等都是很好的实现手段。其次还可以利用 IT 技术开发一些适老化产品，如阅读器、助听器、浏览器等，降低一些工种的体力支出，增强容错性，放宽职位对年龄的限制，合理、有效地利用老年资源。最后，可以借助网络技术为老年人创造或发现新就业渠道，如建立老年人再就业信息平台和老年志愿者系统，合理配置人力资源，达到老年人资源再利用。网络技术可以规避老年人行动上的劣势，发挥老年人经验丰富的优势，通过经验日志、技术论坛等方式汇集老人的智慧，为社会创造价值，同时也满足了老年人希望可以发光发热、实现自我的需求。

3.5 老年人设计需求模型的实践探索

3.5.1 以"视觉生产"为核心的老年人设计

感觉是感受器眼、耳等器官中的结构所产生的表示身体内外经验的神经冲动过程。感觉是知觉的第一个阶段，是人对外界刺激的即时、直接反映。

现代心理学根据承受的不同分为了三类，即外受、内受和本受。外受是指通过感觉器官（认知心理学中称为感受器），如眼睛、鼻子、耳朵、舌尖、皮肤等感受身体外的事物变化；内受是人对自身内部变化的感受，例如感觉饥饿、感觉头痛等；本受就是运动量觉，是人对自身运动的感觉。也有学者主要根据刺激的性质将感觉分为两类：外部感觉和内部感觉，前者接受外部刺激，反映外部事物的属性，例如视觉、触觉、听觉、味觉、嗅觉等；后者接受内部刺激，反映身体位置、运动及内脏的状态。可见，前一分类中的"外受"就是这里的外部感觉，而"本受"和"内受"则被归为内部感觉。

心理学家冯特提出感觉是"复杂经验建立的基本过程"，它是人类一切认知和思维活动的起点。它主要具有两个方面的功能：一是生存需要，帮助人类适应外界环境，例如对食物和危险源的察觉；二是老年人通过感觉获得各种生物意义上的快乐体验，例如图像和音乐。这两个方面都是设计师在进行艺术设计实践时必须着重考虑的要素，感觉是用户认识、使用和改变对象的基础，也是用户体验的起点。

3.5.2 感觉的多通道融合设计

感觉依赖于输入信息的性质、强度和差异。老年人通过感受器接受来自外界和自身的各种表现为刺激形式的信息，引起感受器神经末梢发生兴奋冲动，沿神经通路传递到大脑皮层中视觉、触觉等感受区，产生感觉。每种感受器只能对一种性质的刺激特别敏感，这种特别敏感的刺激称为"适宜刺激"，例如听觉感受器耳朵的适宜刺激是一定频率范围的声波，视觉感受器眼睛的适宜刺激是可见光波。"通道"（Modality）是认知心理学中的术语，是指人们接受外界刺激的不同感觉方式，老年人的感觉通道对应各种感觉器，包括视觉、听觉、味觉、嗅觉、触觉等通道也称作通感。

近年来，"通道"（通感）一词常用于用户界面分析和设计中，原因在于：每种通道（对应各类感觉器）仅允许一类适宜刺激通过且传入神经中枢。基于老年人这一特殊人群，某些感官功能的延迟与退化，当我们做适老化设计时，为保证各种必要信息能充分为老年人所察觉，必须考虑允许用户利用多个感觉"通道"，以自然、并行、协作的方式进行交互，整合各通道的特点和适宜条件，提高人机交互的自然性和高效性。多通道界面的研究和运用作为与设计心理密切相关的一个新领域在欧美发展迅速，如微软亚洲研究院、英特尔公司等知名科技公司都设立了专门的多通道用户界面设计团队，旨在探索多通道信息输入技术和信息整合方法，探索视线跟踪、语音识别、手势输入等新的交互技术和产品。这方面的研究将在不远的将来，带来老年朋友接受信息和控制产品方式上的巨大变革，因此对设计而言具有深远意义，它是易用设计和人性化设计的福音，将帮助某一类或几类感觉通道受到损伤的老年人士或残障人士克服生活和工作上的困难。

3.5.3　老年人设计需求模型的建立

针对老年人的设计产品方法正在发生着由直观简单的传统方式向抽象复杂的现代化方式转化，需要记忆的越来越多，而且越来越难。如家用电器、手机、家庭医疗装置甚至是电梯，使用的指令只是按动键钮，看似轻松简单，但若识记不准确，产品则不会按老年人的意愿动作。记忆出了差错，甚至连自己家的门都不能开启的事情也会发生。为此，设计产品要想成为老年人永久性的记忆，设计师必须意识到最好的设计应该是"开机就用"，即科技含量越高，功能越先进齐全，使用应越简单。从设计师的记忆与设计的关系而言，设计师应该注意如下几点。

（1）要注重视听结合的设计　一般来说，约 90% 的产品信息是通过视觉记住的，10% 左右的信息是通过听觉记住的。因此，在适老化设计中，应尽可能利用现代视听手段，增强了解产品使用与操作的记忆效果。比如在启动、工作中的光影显示、提示、预警的视听装置等。

（2）要注重直观形象的设计　设计师用专业理论设计了技术性很强的产品

内部结构，但必须将专业理论科学普及化，有利于形象记忆，才能便于产品的使用。比如，操作部位的指示标识多用形象生动的简图，少用无意义的字母。设计符合记忆从形象开始的记忆规律。

（3）要注重简单明确的设计 在老年人的记忆中，接受与储存信息的能力是有一定限度的，如果信息量超过这个限度，多余的信息只能在传递过程中被过滤掉。根据老年人的记忆特点，为了减轻老年人的记忆负担，设计师必须以简单明确为原则，解决产品功能日趋增多而不增加人的记忆负担的矛盾。比如，人的指纹绝对不同，设计开发指纹感应与识读操作的产品，只要手轻轻一按，门锁自动开启、取款机自动提款、家用电器自动工作；又如设计制造智能机器人，让他们代替老年人的记忆，不但记得又多又准，而且不会遗忘。

3.5.4 符合老年人消费心理特点的设计模型建立

老年人带着一生的艰辛和业绩远离了工作岗位，从此不再为事业的竞争而烦恼，完成了子女成家立业的操劳。老年人退出了社会工作舞台，但在家庭生活中仍然保持独立的强烈心态，无论独居或是与子女共居，生活与消费都力求排除干扰，不依赖他人，消费中有突出且不可回避的个性心理。

（1）富于理智，很少冲动 老年消费者由于生活经验丰富，因而情绪反应一般比较平稳，很少感情用事，大多会以理智来支配自己的行为。因此，他们在消费时比较仔细，不会像年轻人那样容易产生冲动的购买行为。多年养成的消费习惯，使其购买动机有较强的理智性与稳定性，不易受外界因素的干扰，也不为商品的某一特性所动，而是会全面评价、综合分析商品的各种利弊因素，再做出购买决策。动机一旦形成，不会轻易改变，或迟或早总会导致购买行动。

（2）精打细算，富有主见 老年消费者一般都有家小，他们会按照自己的实际需求进行消费，量入为出，注意节俭，对产品的质量、价格、用途、品种等都会进行详细了解，很少盲目购买。在消费时，大多会有自己的主见，而且十分相信自己的经验和智慧，即使听到广告宣传和别人介绍，也要先进行一番分析，以判断自己是否需要。因此，进行促销宣传时，不应一味地向他们兜售产品，而应该尊重和听取他们的意见，向他们"晓之以理"，而不能指望对他们"动之以情"。

（3）关注品牌信誉及方便易行 老年消费者在长期的生活过程中，已经形成了一定的生活习惯，而且一般不会有太大的改变，因为他们在购物时具有怀旧和保守心理。他们对于信任的产品及其品牌，耳熟能详，满怀信心，他们喜欢凭过去的经验评价商品的优劣，是企业的忠诚消费者。老年人在选购商品时，因体力不济、行动不便，常常希望就近方便，少费精力，因此应为他们提供周全的服务，以增加他们的满意度。有助于老年人身体健康、给老年人的生活带来更多方便与舒适的各种商品，如有营养、易消化的食品，各种滋补品，家用治疗保健器械以及各种消遣性商品，容易受老年人关注，进而引起消费动机和消费行为。

（4）怀旧心态与传统观念　怀旧心态使老年人在物质与精神追求上，都反映出传统的文化意识与观念。他们讲究传统的民族节日与民俗习惯，喜欢"圆"的意境，"天人合一"的思想。把从前节日中留下的记忆作为一种精神享受。他们往往以书法、绘画、象棋、民族乐器、养花、养鱼为主要活动，甚至达到痴迷的程度。很多老年人从头学习一种技艺，由于专心致志，能达到很高的艺术水平，甚至可能创作出别开生面的艺术作品。

老年人受传统文化的影响，比较注重子女成家添口的问题，自身消费相对较少。但随着社会养老制度的日趋健全及生活水平的逐步提高，老年人的消费观念也在发生变化。即使爱美之心较淡薄的人，也有对称心如意的老年服装的喜爱之情，只要样式得体，色泽鲜艳的服装也会受到老年人的欢迎。如国外很多老年消费者往往选择比年轻人更加花哨的服装，以弥补自身风韵的消退。近年来，我国老年消费也在向"老来俏"的方向发展。

以老年移动电话产品设计为例来说明以老年人消费心理特点应如何进行设计。老年移动电话产品涉及功能、材料、人机界面、健康环保、理念等诸多要素，要求考虑老年人的生理、心理、行为、思维等特点以及不同材料的物理化学性能、现代科技和人机工程学中的许多方面。针对老年人视觉、听觉、触觉、记忆力等功能逐渐衰退的生理特点，设计时应采用超大显示屏，字体应偏大，声音应更响，降低触击键盘的力度，提醒功能应更加简便或包含更多内容。要简化操作系统，重要功能设置成一键启动，有效减少老年使用者错误操作的概率。要考虑增加某些服务或特殊功能，如对健康的监测或预警等功能，甚至通过自动判断情况的危急程度来采取自动呼叫措施。这些也将会对其他产品的开发起到一些影响作用，让老年人感受到现代设计对他们的关爱。

第 **4** 章　养老服务模式中适老化研究

4.1　中国传统的养老服务模式

4.1.1　家庭养老

　　家庭养老是中国传统的养老服务模式。自古以来深受传统文化的影响，"百善孝为先""养儿防老""父为子纲"等价值观念根深蒂固地根植于国民的思想意识中，从而形成了传统的家庭养老模式。家庭养老是指由子女来完全承担老年人的赡养责任，后辈对于父辈存在代际间的经济转移，是以家庭为载体自然实现的一种保障过程。

　　从经济角度来看，可以分析出家庭养老中父辈养老费用的两种支出形式：①家庭条件优越的老人，其经济实力有足够保障，年轻时积累的财富促使其购买了养老保险产品，或者以养老税的形式延续。那么其养老费用可以从养老保险中获得。②已无劳动能力或仍具有一定劳动能力的老人，其部分劳动所得收入并不能负担整体的养老费用支出，或其劳动期间的全部收入都用于家庭，那么其养老费用由家庭来承担。家庭供养老年人的生活费用是老年人过去必要劳动的一部分，这是应得劳动报酬的延期支付。最终是以子女供养的养老费用的形式出现，也就是子女对父母过去为自己支付抚养教育费用的一种补偿。

　　从人口结构来看，中国老龄科研中心和北京大学联合进行的"全国老年人口健康影响因素调查"结果显示，老年人的照料需求主要依靠传统家庭成员满足，按照介入和承担责任的顺序依次为：配偶、儿子、儿媳和女儿。被调查老年人在回答"生病了谁来照顾"的问题时，首先得到的答案就是"儿子"和"儿媳"，其次是女儿、孙子女和配偶。然而，人口结构的变化产生了很多"4-

2-1"的家庭结构，再加上近些年低生育率、晚结婚率、高离婚率的情况，这种对家庭成员照顾需求的高度依赖与家庭照顾需求实际满足率低的现实背道而驰。

从社会发展来看，城市化进程的速度越来越快，而家庭规模越来越小型化，作为家庭的主力男性几乎都投身于社会的各个岗位，甚至传统意义上作为照顾老人的主力军女性也更多地参与到社会就业中，老年人所居家庭的照护功能在逐渐弱化。同时，由于子女数减少、居住安排变化、住房市场化和人口流动等因素的共同作用，老年人家庭结构中"独居空巢老人"和"高龄空巢家庭"的比重在持续上升，子女照料的满足率随之不断降低。近几年我国著名人口学家和老年学家穆光宗教授结合独特的东方传统和代际关系，提出了"和谐老龄化"的新命题，强调基于不同代际关系的"代际和谐"（父辈与子辈的关系和谐）和"代内和谐"（夫妻关系和谐）。

从我国的老龄化程度和养老模式的转变来看，家庭式居家养老已成为养老的主要方式。由于家庭内部子女向父母进行赡养行为的部分缺失，使得对家庭养老功能有益补充的社区养老服务的作用显得尤为重要，要维持家庭养老模式的可持续发展，就要维持社区化家庭养老服务的可持续提供。

4.1.2　社区养老

很多研究者认为应该由社会来承担老年人的养老责任。在国内，社区养老是以家庭养老为基础，社会养老为依托，利用家庭、个人、社区、非营利组织、市场机构等共同参与的多元化的养老体系。社区养老的服务模式是以社区为中心所构建的社会化服务体系，它具有服务主体多元化、服务对象公众化、服务方式多样化、服务队伍差异化等特点。有学者认为社区养老与家庭养老是相辅相成的，其区别主要在于家庭养老是建立在家庭经济基础之上，是实实在在的老年人生活的家庭，而社区养老是依托社会、社区，老年人的主要经济来源为养老金等多种渠道，其生活的照料和精神的慰藉也主要依靠社区和邻里提供的服务。以社区为依托，开展社区建设，不仅有利于减少养老成本，创造和谐的生活氛围，还可以带动社区养老事业的发展，对于我国的社会养老服务体系建设具有极大的推动作用。

从我国老年人的实际居住环境出发，城市与大的乡镇老年人绝大多数生活在以社区为单位的空间里，即以社区作为中心辐射到周围一定空间的地理范围，也是由老年人的生理特点决定的。正如前面描述，家庭养老和社区养老在服务范畴和服务形式上存在一定程度的重叠，其共同特征就是"社区"这个结合点。从这个意义上说，必须以"社区"作为中介和支撑才能发挥更好的作用。

4.1.3 机构养老

"以家庭养老为基础，社区养老为依托，机构养老为支撑"，这是我国目前所倡导的，且较为实际的社会养老服务体系。这是根据我国基本国情、经济特点以及结合大部分老年人居住方式而制定的方案。所以，机构养老是社会养老服务体系的三大组成部分之一。机构养老与其他两种养老模式相比，在组织结构、服务形式和内容等方面既有不同又有关联，与家庭养老相比，机构养老能提供社会化养老服务作为分担和补充；跟社区养老相比，机构养老能结合市场提供更专业的服务。整体上来说，需要积极倡导和鼓励机构养老与社区养老、家庭养老进行互补，把机构养老的专业性服务延伸到社区和家庭领域。

从养老服务内容角度看，养老机构承担了家庭养老，甚至社区养老难以承担，或者无力承担的服务职能。尤其是面对失能或者半失能的老年人，必须由专业的、具有医疗条件的养老机构进行介护照料。都说"久病床前无孝子"，随着现代社会的发展，下一辈的生活压力越来越大，现实的条件让他们无力承担不健康老人的全程陪护照顾。而这些是养老机构的最主要职能之一。

从老年人的需求角度看，随着人民生活水平的提高，老年人也有追求更美好老年生活的迫切需求。"老伴儿"这个称谓充分地表达着老年人群体最缺少的是陪伴。尤其对于一群身体健康、条件优裕、思想新潮的老年人，他们希望寻求更加丰富的集体生活，渴望获得更加充实的精神感受。面对这些现代化、多样化、个性化的养老服务需求，养老机构是最适合去承接与满足的社会组织。

从养老资源共享角度，养老机构不仅是家庭养老、社区养老的有效补充，同时也是家庭、社区对于养老服务的示范与支持。社会分工越来越细，专业的人做专业的事。随着市场经济的介入，养老机构的人力资源、设施设备、项目内容等相对来说都属于更优、更专业的。养老机构的地点往往选择社区内或者周边，一方面它会向内融入社区，提供相关技能培训、设备租赁、日托服务等；另一方面它也会向外连接社会，举办公益慈善活动、引入社会资源及捐赠等。不仅让入住的老年人保持着与社会的接触，也符合现代社区资源共享的原则，成为连接家庭、社区、社会的通畅桥梁。

4.2 新型养老服务模式的适老化探讨

4.2.1 旅居型养老

旅居型养老最早由中国老年学会副秘书长程勇提出，是"候鸟式养老"和"度假式养老"的融合体。一般参与者为健康活力的老年人群体，年龄一般在55～75岁之间，他们会在不同季节，辗转多个地方，一边旅游一边养老。他们与普通的走马观花式的跟团旅游不同，参加旅居型养老的老年人一般会在目的地住上十天半个月甚至数月，除了游历欣赏异地丰富的自然景观和人文景观外，他们会慢游细品，以达到既健康养生、又开阔视野的目的。这是一种既休闲、养生，又有利于老年人身心健康的积极养老模式。除了慢节奏的旅途生活，旅居型养老对老年人最大的吸引力还在于价格和服务，同时需要社会养老机构提升专业化服务水平，也需要老年人不断更新养老消费理念。

旅居型养老不仅有利于老年人的身体健康，还可以丰富老年群体的晚年生活，游览风景名胜、体验各地风土人情。旅居型养老更可以结交新的朋友圈子，为老年生活注入新的社交活力。旅居型养老的特点如下。

（1）注重居住环境，强调舒适感 老年人多喜静不喜喧哗，一般旅居养老的住所会安排在远离闹市的郊外，建筑大多为养老基地类型，而非跟一般旅客混居的酒店。周边自然环境优美且不失基本生活配套设施，置身于山水之间，漫步于林间小径，嬉戏于海边沙滩，坐看晚霞夕阳。居住的室内设施强调舒适为主，必要的地方进行适老化设计，装修无须富丽堂皇，配色仅需朴素大方，生活设施应有尽有，养老服务面面俱到。

（2）注重健康服务，强调安全性 都说年轻时是"儿行千里母担忧"，到了年老了反而是"母行千里儿担忧"。下一辈在父母出行时最在意的是老年人的健康问题和安全问题，对于参与旅居养老的老年群体自身也是迫切的刚需。旅居养老机构必须配套标准化的科学健康管理机制，居住地必须配套相关的医疗资源，为每一位参与的老年用户建立健康档案，定期为用户做健康方面的检查，各旅游项目的设计需要依据老年人身体指标的情况进行科学安排。外出期间，交通、饮食都要具备适合老年人的高安全等级，随车配备医护人员和常用药品及医疗设备，以应对外出过程中的突发情况。

（3）注重生活体验，强调文化性 旅居养老跟一般旅游项目最大的区别是不需要赶时间，老年用户有很长的周期居住于一个地方，活动项目的安排要注意劳逸结合，让生活节奏慢下来，让老年群体能深入地去感受当地的人文气息和文化韵味，真正体验当地的民俗风情。旅居养老机构要充分了解当地风土人情，结合老年群体不宜劳累的生理特点与轻物质重文化的精神追求，制定科学周密的活动安排。

根据旅居养老的目的和旅居场所的不同，我们可以将适老化需求归纳得更细化和更具有辨识度。

4.2.1.1　旅居型养老之候鸟型

候鸟型旅居型养老是我国最为常见的一种类型，顾名思义，就是指老年人像候鸟一般，在不同的季节往返于不同的城市居住。用户多为健康自理型的老年群体，他们只需要支付交通费和房租费即可享受相应的服务。养老机构通常会选择环境宜人、风景优美的地方，通过自建老年公寓、度假村，或租用酒店等方式，为老年群体提供优质的季节性的养老服务。比如暖冬旅居型，一般会选择海南、广西等地理位置靠南，冬天气候温暖的地方，深受北方老年群体的青睐；夏季避暑型则会选择北方一些空气清新、温度适宜的海滨城市，如大连、青岛等城市；景区旅居型则会结合原有的旅游资源，远离城市喧嚣，置身大自然深处，形成山水疗养、温泉疗养、风景疗养等养老服务与景区服务的组合，也是冬夏期间不错的选择。

4.2.1.2　旅居型养老之疗养型

随着年龄的增加，老年群体的身体功能普遍下降，大部分属于亚健康人群，对于医疗护理的需求程度不断提高。于是尝试边疗养边旅游的旅居形式，身与心的健康两不误，也深得部分老年用户的喜好。主要分为中医养生旅居养老、西医护理旅居养老、美食养生旅居养老三种形式。中医养生主要以中医为核心，以中医诊疗室、中医理疗中心、药膳养老会所等为基地，为用户开展中医养生知识讲座、中医理疗服务、中草药园区体验等服务；西医护理是以西医疗养为核心，以大型专业医疗服务机构为依托，为用户提供健康体检、医疗保健、健康咨询、慢病护理等服务；美食养生是指以食疗养生为核心，以常规的旅居养老中心为基地，为用户提供养生药膳、素斋、绿色饮食、养生膳食等服务。

4.2.1.3　旅居型养老之文艺型

随着人民生活水平的日益提高，人们开始逐步追求精神领域价值，不仅有文艺中青年，还诞生了一批数量不小的文艺老年。他们大多是有一定教育程度的，或是通过自学有一定知识储备的群体，在物质条件充足的情况下，也希望到处领略祖国的大好河山，去体验一下不同的风土人情，去追求更高一层的精神价值。如依托古城古镇，可以将特有的文化资源、历史遗迹和非物质文化遗产同独有的慢生活节奏相融合；依托古村古落，体验特有的少数民族风情，感受民俗节日的气氛，品尝独特的美食小吃，可以打造独特氛围、古典色彩的旅居养老项目，最终将文旅产业与养老服务业进行创新性结合。

4.2.1.4　旅居型养老之田园型

近几年，我国大力发展社会主义新农村建设，各地农村经济不断发展、基础设施不断完善，成了城市人旅游休闲的好去处。针对城市里的大量老年群体养老服务，这也是为开展乡村田园式旅居养老产业提供了良好的契机。这一代老年人大部分都是农民出身，只是城里的老年人已经远离农村太久了，有些年轻时曾有过上山下乡的经历，多少有点农村情节。乡村的自然环境好，空气清新，有益于老年人的身体健康，能够满足很多老年旅游者亲近自然、崇尚养生的生活追求。田园旅居养老服务不仅可以提供观光、采摘、务农等活动，让老年人体验农村生活生产方式，还可以开发渔村、蟹村、牧村等特色田园类型，让老年人享受不同的乡土情趣。这种旅居养老模式对促进养老产业、农村旅游、调整产业结构、建设区域经济、加快农业市场化进程产生了良好的经济效益。

4.2.1.5　旅居型养老之社区型

随着近年来经济稳步提升，房地产行业逐步发展，养老地产逐渐成为我国房地产市场发展的一大趋势。"社区型旅居养老"的概念便经常出现在各楼盘的宣传广告中。社区型旅居为老年群体提供养老住宅、老年大学、购物娱乐、医疗保健一体化的综合服务中心，打造舒适、安全、休闲、健康的老年社区集聚区。通常这类地产会选择北京、上海、广州等消费水平比较高的一线城市，老年用户可以通过购买持有、购买返租或商业租赁的形式置业。

4.2.2　医养结合型养老

医养结合型养老是近几年逐渐兴起于各地的一种新型养老模式，是将医疗与养老结合，充实养老服务内容，提高养老服务专业化的现代养老模式。老年人的健康需求是最迫切的需求，也是最根本的需求，必须重新审视老年人健康与医疗服务内容之间的关系，其中包含了老年人医疗保健、疾病诊治、健康体检、慢病护理、健康咨询等多层次、多元化、专业化的养老服务内容，有效整合医疗资源，为老年群体打造一体化的养老和医护服务。医养结合型养老将现代医疗服务技术与养老保障模式有效结合，实现了"有病治病、无病疗养"的创新型养老服务模式。

医养结合是一种满足老年公民健康需求与照护需求的服务供给模式，其核心内涵是"供需结合体"。对"医养结合"内涵的分析，可以从供给和需求两个角度展开，二者缺一不可。一方面，从供给角度来说，医养结合是医疗卫生资源和养老服务资源的优化配置，以实现"1+1＞2"的整合供给目标，通常是在养老服务资源的基础上附加医疗卫生资源。例如，基层医疗卫生机构为居家养老老年人提供医疗保健服务，与家庭成员或者亲属为老年人提供生活照料服务相结合。养老机构与医疗机构签约，由医疗机构为养老机构的老年人提供就医便利等服务，与养老机构为老年人提供生活照料服务相结合。❶

另一方面，从需求角度来说，医养结合是老年人对医疗卫生服务需求和生活照料需求的叠加。其中，健康需求是身体健康与心理健康的总和，这就能将不同健康程度（自理、部分失能、完全失能）的老年人需求体系中各个层次的需求都纳入其中，为精准供给提供依据。需要强调的是，所有老年人都有医养结合需求，也就是说，医养结合服务的供给目标是满足所有老年人的健康养老需求，而并不只是失能、半失能老年人，身体健康的老年人同样需要健康体检、疾病预防、养生保健等全方位的健康服务，这是医养结合中"医"的内涵，而并不单是诊疗。

基于需求者视角的医养结合服务可以进一步分为两个层面：第一，失能、半失能老年人的医养结合服务，主要是康复服务、护理服务、生活照料服务等，以控制失能趋势为核心目标；第二，健康老年人的医养结合服务，主要是健康保健服务和生活照料服务，以保持健康状态为核心目标，向老年人普及健康知识、老年预防保健知识、老年期常见病相关知识等，通常不需要或者只需要很少的生活照料服务。

因此，真正意义上的医养结合服务应该面向全体老年人构建健康养老服务供给体系，并在供给过程中对不同健康程度的老年人进行需求识别。也就是说，医养结合中的"医"不仅是一般意义上的健康服务，实际上既包含诊疗服务，也包含预防保健、心理健康等服务。

---

❶ 雷晓康，朱松梅.医养结合概论 [M].北京：清华大学出版社，2021.

4.2.3　互联网智慧型养老

现阶段，大数据、新媒体等技术手段与我们的生活、工作乃至方方面面有了高度的融合。信息技术又能给社会养老带来哪些改变呢？大家把目光都投向了这个领域，智慧养老的概念便应运而生。智慧养老就是指利用互联网、物联网、人工智能、社交网络、区块链、大数据、移动应用等现代化科学技术，围绕老年人的生活起居、安全保障、医疗卫生、保健康复、娱乐休闲、学习分享等各方面的服务与管理，对老年群体信息自动检测、预警甚至主动处置，实现技术与老年人的友好、自主式、个性化智能交互。智慧养老的核心在于利用先进的信息技术与管理手段。

"互联网＋智慧养老"是互联网与传统养老服务的融合，不是简单叠加，而是运用了互联网信息技术为养老行业提供了全面的、快捷的、灵活的、低成本的、多元化的养老服务。运用互联网、大数据与养老服务的融合，采集老年人的各项基本信息进行跟踪监测与综合管理，并通过线上线下进行数据互动，能挖掘出更多具有实际意义的养老服务模式，最大限度地满足老年人的各种需求，促进社会养老服务体系持续健康的发展。❶

互联网智慧养老的特点如下。

（1）现代化信息技术的加持　现代化信息技术加持互联网智慧型养老，体现了养老服务行业与目前信息技术发展的大融合，集成了老年服务技术、医疗保健技术、智能控制技术、计算机网络技术、移动互联网技术、物联网技术等，使用这些现代技术支持老年人的服务和管理需求。科技以人为本，以老年人的需求作为首要出发点，通过信息化技术、设备进行科学、人性化的管理，让老年人随时随地都能享受高品质的服务。

（2）服务的高效便捷　通过应用现代科学技术与智能化设备，建立一体化养老服务系统，打通线上线下资源，实现养老服务供给资源的集约化管理和供需有序衔接，提高服务工作的质量和效率，同时又降低了人力和时间成本。通过互联网技术的普及，老年网民数量与老年人掌握互联网应用的能力都在逐年提升，目前很多养老服务都集成到了手机端应用，比如子女亲情号、紧急联系呼叫、120急救、社区卫生服务站咨询、家庭医生、健康管家、医院挂号、家政服务、生活用品采购等。老年人通过智慧平台，足不出户便可享受便捷

---

❶ 胡宏伟，汪钰，王晓俊，等."嵌入式"养老模式现状、评估与改进路径 [J].社会保障研究，2015（2）：10-17.

服务。

（3）扩大服务产品供给范围 传统生活的老年人，其生活范围基本围绕着社区，普遍存在"社区能提供什么，老年人能享受什么"的现象。新一代老年人互联网技术认知度逐渐提高，也纷纷加入了网购电商的大军，享受到了全国各地的商品供应。另外，一些社区养老机构和服务平台，也会借鉴电商模式，将一些优质产品以低价的团购模式引入社区养老机构，既增加了自身的服务项目，提高了服务质量，也实惠了老年群体。部分老年服务提供商，以会员制的形式吸纳优质老年用户，基于大数据分析为其开发出更多元、更精准的养老服务产品，甚至提供养老服务的"私人订制"，更进一步地扩大了老年服务产品的供给。

（4）提升养老服务安全保障 随着可穿戴设备、物联网、人工智能、无线传感等技术的成熟，一大批围绕着老年人疾病预防的终端设备应运而生。这些智能设备通过相应的适老化设计，可以完成人工不愿意、人工做不好，甚至人工做不到的养老关怀服务，主要应用于居家生活、健康护理、疾病监护等领域，实现对老年人地理位置、生理指标、活动能力等数据进行采集与监测，为老年人家属、养老机构及医疗机构提供安全看护、健康监测、精神关爱和生活关怀等服务。很大程度上弥补了家人不能实时陪护、机构专业护理人员紧缺的问题，更重要的是可以将老年人的生活与健康产生的问题防患于全时段，有效地提升了养老服务地安全保障。

（5）丰富老年人精神生活 互联网智慧型养老，除了在物质生活层面为老年人提供了多样的选择、足够的支持外，在精神生活层面，还丰富了老年人的精神追求，让老年人能够活得更有意义。智慧养老可以让老年人的智慧得到再次发挥与认同，通过网络技术和社交网络平台，利用老年人的经验和智慧，使老年人焕发人生第二青春。从马斯洛需求层次理论来说，在老年人满足生理与安全需求以后，互联网智慧平台能帮助他们实现更高的社交需求、尊重需求、自我价值实现需求。

4.3 互联网智慧养老模式的适老化架构

4.3.1 智慧居家型的适老化

所谓居家养老，就是老年人主要在家中安享晚年，以家庭养老模式为主，以社区养老模式为依托，为老年人提供远程或上门的、专业的综合养老服务和社会服务。智慧居家养老是传统居家养老的服务提升与质量保障。它继承了以血缘为纽带、家庭成员互相支持为主体的传统养老方式，依托互联网、物联网技术，通过智能传感技术、语音图像识别技术与大数据技术，打破传统思维，使人们最大限度地与各类传感器和网络实施互联，让老年人日常生活中可能出现的危险，尤其是健康状况和出行安全方面，能被子女远程监控查看，做到早预防早发现，及时发现及时处理。

智慧居家养老既符合中国人传统孝道，又很好地实现了家庭成员的双赢。让老年人安心在家中，环境熟悉，心情也愉悦，享受智慧居家养老服务给予的健康管理和 24 小时安全监护。年轻人在上班期间又无需为老人过多担心，如有异常第一时间获得通知，这种模式很好地兼容了传统养老与科技手段。这是一种基于远程科技建立的支持家庭温情养老的新型社会服务体系，极大补充和完善了其他的养老模式。智慧居家养老系统主要由三部分组成。

运营居家养老的机构或私营企业，他们建立统一的信息管理系统，为注册的老年人建立健康数字档案，包括基本身份数据、健康资料、病史、过敏史、家庭成员信息等，并与接受服务的老年人签订智慧养老服务协议。

医疗机构或医养结合养老机构，他们将已建立的信息管理系统对接到医疗服务系统及其他第三方信息服务平台，多方根据协议共享老年人的养老数据，根据老年人签订的服务需求提供相应的功能服务，比如日常生活资讯、健康监护、医学理疗、应急呼叫、心理疏导等。

各企业生产的智能终端，现在面向老年人的健康智能终端非常多，比如视频监控设备、智能手表、GPS 定位仪器、一键呼叫仪、智能床垫、智能血压仪甚至智能袜子（防跌倒报警），需要将这些设备接入到网络平台，实现对老年人身体健康指标监控、实时定位信息、与家属即时通信等功能，多方面全方位地保障老年人的生活。老年人也可以通过专门为老人建立的网络平台进行日常购物、预约看病、家政上门等服务，届时，只要是有网络覆盖的地方，老人就能享受到健康、安全的养老服务。

4.3.2　智慧社区型的适老化

家是社会的最小单位，智慧居家养老是社会养老服务体系这张大网络中的末梢单位，社区根据其已有的属性可以承担起网络中的各个区域中心节点，将诸多末梢单位组织起来、管理起来，建立起和谐的智慧社区养老模式。这种模式通过信息技术打造一个现代化、智能化的居民社区，包含了老年人养老服务的各类需求，让老年人乐在其中，享受无微不至的健康养老生活。社区内设有专属的超市、医院、家政服务中心、老人活动中心、运动场馆等诸多设施，监控网络全覆盖，24 小时监控老人的身体健康与出行情况，实时地将数据发送到智能大数据平台，由人工智能进行大数据分析，确保老人方方面面的健康生活。在我国，作为老年人社会活动最主要场所的社区可以让养老实现不离巢、不离家、不离伴，以社区为依托的居家养老成为非常重要的养老方式。

智慧社区养老模式是建立在以智慧居家养老模式为基础的集成版，以现有的电信运营商或有线电视网络为依托形成了泛在的新型网络环境，为辖区老年家庭建立统一的智慧养老服务。在硬件设备方面，为社区老年人配备随身的安全仪，具有定位、报警、通话等功能，增强老年人外出活动的安全保障；为社区老年人家中安装电子呼叫服务器、视频监控设备、水流煤气传感器，具有紧急一键呼叫功能、跌倒报警功能、自来水与煤气忘关提醒功能等，增强老年人居家生活的安全保障；在软件平台建设方面，社区统一搭建养老服务信息平台，包括客户服务平台、信息管理中心、远程呼叫平台、人力资源管理平台、公共服务信息平台等。信息化技术不是用来"监管"老年人的，而是要为老年人的生活带来更多的便利。通过给老年人安装公告服务信息平台 APP，让老年人随时知晓身边大事小事；开发智力游戏等应用既可以锻炼老年人的思维，开拓老年人的社交，又可以为老年人的生活增添乐趣；为社区老年人建立统一账号，让老年人在社区超市、商店、家政服务等机构消费服务"一卡通"；建立独立的社区大数据服务中心，子女通过移动应用接入，可随时查看老年人的生活起居情况。充分借助物联网、大数据和移动互联网的新技术，为社区老年人获得社会资源提供了便利，为社区老年人服务社会提供了支持，改善了老年人生理和心理健康，实现了老年人、家人和服务团队之间及时有效沟通，保障了服务质量，打造和谐社会智慧社区养老新模式。

根据各社区的新旧程度、数字化程度和社区居住老年人的比例可以将基于新型网络环境下的智慧社区养老分为不同的类型模式。

① 理想型社区：是指数字化程度较高、老年人比例也较高的社区。老年群体以高级知识分子居多，文化层次和生活品质要求较高，在社会服务需求方面，已经由生活照料为主向信息化、智能化的医疗服务、精神需求转变。

② 现代型社区：是指数字化程度较高，但老年人比例较低的社区。这类社区一般为新建的现代型社区，基础设施与信息化配套较完善，多以收入较高的年轻人居多。老年人主要是给社区的年轻家庭带孩子，但对于生活仍讲究质量，日常生活中的养老服务需求有较大的发展空间。

③ 基本型社区：是指数字化程度较低，老年人比例也较低的社区。这类

社区同样以年轻人为主，但收入一般。社区的建设质量一般，信息化配套程度较低，社区居住人群文化层次和受教育程度较低，社区的老年人关注的养老需求层次相对较低。

④ 老旧型社区：是指数字化程度较低，但老年人比例较高的社区。这类社区基础设施条件薄弱，人口结构复杂，低收入群体居多。社区化养老服务开展较为滞后，信息化养老服务水平低且难以开展。

针对不同的社区类型，应该有针对性地开展信息化智慧养老策略。社区基础信息化网络建设、监控体系、针对老年人的基本信息采集系统等应该在社区各类型中全面铺开；理想型社区各方面服务基本配备，已为智慧社区养老的标准模式；基本型和老旧型社区急需通过相应机制提高数字化程度，增加智慧医疗、智能护理的服务项目，增强对老年群体生理体征方面的监控与老年疾病的预防工作；现代型社区在基础设施较为完善的前提下，让更多信息化设施向养老服务方面倾斜，还应该增加智慧社交平台、综合信息服务平台，丰富老年人在带孩子之余的精神生活。

4.3.3　智慧机构型的适老化

养老机构因服务对象不同，有其存在的特殊性，也是社会养老服务体系中重要的组成部分。养老机构中的一些老年用户得不到家人的照顾或者生活不能自理，其更容易出现一些事故，导致养老机构在日常监护方面投入了大量的人力资源。随着养老机构的日趋发展，面积逐渐增加，一般都配套了花园、健身场所、娱乐休闲场所等，这些设施设备一方面丰富了老年人的生活，同时也在管理范围和管理难度上给看护人员带来了不便。诸多类似的问题迫使养老机构需要引入信息化技术，建立强大的智慧养老机构管理系统，以人工智能的手段弥补管理上的"死角"，节约管理成本，提高管理效率，做好安全保障。

智慧养老机构管理系统引入物联网、高科技信息技术、射频识别（RFID）技术、传感器、无线传输技术等，实现对养老机构老年人的日常生活进行远程监控、实时定位和实时服务管理，符合当下及未来养老服务的需求。智慧养老机构系统主要分为服务端与客户端。服务端主要包含用户管理、服务管理和运营管理。用户管理针对老年人的基本信息和电子健康档案进行存储更新，并与定点医疗机构数据打通，以便对接相关服务；服务管理主要针对内部服务人员的管理，包括排班、绩效、薪酬等，进行日常服务调度和服务流程的数字化记录；运营管理一方面实现对养老机构的数字化运营，比如采用一卡通系统，对门禁、考勤、消费等实现一卡通全记录，另一方面提供对系统的维护、升级、备份进行管理。

智慧养老机构管理系统客户端主要分为固定式的监控终端和穿戴式的便携终端。便携终端采用目前比较成熟的 RFID 射频识别技术和无线传输技术，配合多种感应传感器，可穿戴在老年人身上。RFID 标签可实时监控老年人的位置信息，通过腕带传感器可以实时监测老年人的血压、脉搏、体温等生理特征。当老年人摔倒、健康体征异常，会向服务端发送警报。固定式监控终端配备有监控服务器，管理人员可以查询全部老年人当前的位置分布情况，以及每个老年人当前具体位置和健康状态，如血压、体温、心率等；服务端还支持管理员对紧急事件的处理，如接收到老年人腕带发出的警报或者老年人的主动紧急呼叫等事件进行及时处理；服务端还兼具广播功能，在某些情况下管理员可进行语音广播。

建立完善的智慧养老机构管理系统，可以帮助建立全新的养老机构管理体系，树立养老机构智慧名片，很大程度上提高了养老机构的管理形象和知名度。智慧管理系统为每一位老年人建立数字档案，实现一人一卡，记录老年人持续性的健康生活信息，做到全方位的健康状况管理。针对老年人行动线路的实时监控和查询，对于老年人突发事件的及时处理，实现对老年人全天候、及时有效的安全保护，提高老年人的生活质量和安全性。智慧管理系统在养老机构的推广与实施，不仅提高了服务质量，还减少了经济负担。智慧管理系统可以让电子保姆替代部分传统的人员看护，既减少了对老年人生活不必要的打扰，又保证了老年人及时的看护与服务，有效改善了护理人员不足的缺点。随着信息技术、人工智能的进一步发展，智慧养老机构管理系统势必更加智能化、人性化，将成为推动机构养老模式高速发展的有效力量。

近年来，随着智慧养老机构的发展，也出现了一些新兴的模式。2007 年，居家乐在全国首创了"虚拟养老院"的概念，并率先投入运营。居家乐全称"苏州市姑苏区居家乐养老服务中心"，是一家从事居家养老服务的民办非企业单位。"虚拟养老院"结合先进的互联网、物联网、云计算等技术，建立服务管理平台，实现了服务与需求的高效连接。"虚拟养老院"承载在通信运营商的有线和无线网络，大致分为呼叫中心、业务管理中心、养老客户端、应用服务器、管理中心几个部分。系统整体采用 MVC 的开发模式，使应用程序的输入、处理和输出分开，其主要功能模块包括服务运营、质量控制、统计分析、数据维护、质量管理等，并可对接外部接口，便于第三方功能扩展。通过管理平台，老人、社区、虚拟养老院的工作人员紧密地结合在一起，共同为老年人服务。

服务中心致力于追求养老服务品质、打造社会化养老连锁服务品牌，团队以"让居家老人舒心、替忙碌儿女尽孝"为宗旨，依托自主研发的信息化系统平台，组建职业化养老服务队伍，为辖区数万名老人提供可靠的居家养老服务，并以此为基础，围绕用户需求，不断研发居家商务服务、日间照料中心、残疾人居家托养、居家康复护理、健康科技服务等一体化、全方位的亲情养老服务，从而打造社会公益、产业经营、技术研发、职业培训、理论研究于一体的可持续养老运营模式。

第 **5** 章 通感思维下的适老化设计

5.1 通感思维解读

美国的丹尼尔·贝尔曾说过："在当代，设计已开始向着非物质的视、听等感觉层面上发展。"通感从哲学层面上分析是客观事物对人所造成的反应，还是主客体之间的辩证关系；而从日常经验上的研究了解，视觉、听觉、嗅觉、味觉及触觉之间是可以彼此联系的，眼睛、耳朵、鼻子、舌头、身体各功能领域可以打破界限、相互影响，人的各种感觉经验之间存在彼此联系、相互转化的心理现象，通感现象是人类共有的一种生理和心理现象。总之，文中提出的通感思维就是建立在哲学基础上、生理基础上及心理基础上的创新性设计思维。

5.1.1 界定设计通感

一般性通感与艺术通感区别在于，一般性通感强调的是感觉之间的挪移，所以很容易将其与联觉混为一谈。

艺术通感是在一般性通感的基础上，经过审美的净化与升华，成为一种"有意味的形式"。在艺术创作领域与一般性通感不同的是：艺术家能够以艺术的眼光运用通感，将感觉到的素材提炼为艺术的形式。以书法为例，艺术家若能够"于天地山，得方圆流峙之形；于日月星辰，得经纬昭回之度；于云霞草木，得霏布滋蔓之容；于衣冠文物，得揖让周旋之体……"就可以创作出成功的书法艺术形象。在艺术欣赏领域，通感可以使欣赏者的感受更深、更丰富。艺术通感通常也是一种建立在人的知觉经验基础上的，以感觉挪移为起点、以联想和想象为中介、以情感为动力、以表现为审美统觉的艺术心理活动。它体现了创作主体的一种整体性、创造性的审美能力，是主体与客体相统一，心与物相感通的产物。

设计通感与艺术通感单就艺术形式而言，设计与绘画等艺术是相通的，两者的根本目的都是更好地服务于人，都是以创新性作为自己的发展方向。设计源于艺术，艺术在造型形态和表现形式上为设计提供了大量的营养。毋庸置疑，设计与绘画等艺术又存在很大的区别。设计有很强的目的性。设计的表现形式要为具体的内容服务，设计作品只有实现社会效应，才能表明它所具备的价值。所以设计师的情感体验常常是有意识、有目的性的。体现在作品中的情感不见得是设计师本人的情感，而是通过对受众的心理分析，结合自己的艺术修养有意激发的情感。设计是面向大众的。绘画等艺术重在"表现"创作者本身的生活感受，可以不受别人感受的支配。而设计的目的在于"表达"，即除了表现作品的意图，还要表达受众的思想感情，为大多数人所理解和接受，这就要求在作品中体现个性，让大多数人理解和分享这种个性。甚至直接采用纯艺术形式的设计作品也是要以传递某种信息为主要目的，体现消费者或使用者的某种需要。

设计领域的通感不但具有感觉审美性，而且具有实用性的功能。就视觉传达设计作品来说，视觉形式的通感扮演着由感官体验到视觉形态的翻译角色，翻译的准确程度决定了信息传达的成功与否。我们要强调形式的感受功能。

设计人性化应是设计师永恒不变的追求。不管面对怎样的产品或商业活动，设计的最终服务对象都应当是人，无论是怎样的设计产品，必须与人产生互动，并被人所接受和喜爱。设计最终的目的是创造一个更适应人们生活各方面需要的生存环境，使人与物、人与环境、人与人、人与社会之间相互协调，其核心是人，这是设计的最高境界。设计的人性化体现在对造型、色彩、材料等形式要素的精心设计，如色彩具有明确的通感指向，设计师能将自己及受众的情感灵活地融入进去，使色彩具有人格化的特性，作品也因此富有感性。人性化的设计更表现出设计情感化的趋势。

生活变得越高科技，人们越想接近原始的感觉体验。高科技为设计的人性化提供了可行的表现手段，也为设计的情感化创造了契机，若不是有越来越多的技术支持，我们也不会创作较之从前更具多样的表现形式，对于通感的表现也不会如此之强烈。信息时代的到来意味着我们感知体验的不断增加，设计若能继续满足人的需求必须探索出一条创新的路子。我们今天提出设计通感这个概念，就是想引发设计的创新性思维，并结合新材料、新技术以及后者的不断研究，为设计找到一个更广阔的出路。我们的最终目的仍然是使设计更好地服务于人。

5.1.2　通感思维在设计中的优势

"一个伟大创意是美丽而且高度智慧与疯狂的结合，一个伟大的创意能改变我们的语言，使默默无名的品牌一夜之间闻名全球。"现代创意学大师大卫·奥格威这样评价创意的重要性。我们今天所处的世界已跨入了一个崭新的历史阶段。在这个由人类智慧筑起的文明世界里，迅猛发展的高科技浪潮对传统的生存方式和思维方式构成了巨大的冲击，将通感思维运用到设计中，无疑给设计打开了一扇新的窗户。

随着传统文化"和""圆"思想和艺术相互糅合，互相汲取营养，"通感"这种修辞手法逐渐受到了设计工作者的重视，被引入设计创作过程中。将"艺术通感"手法运用到适老化设计，既可以让设计师有更广袤的创意和感受去进行设计，又能让设计作品为老年受众带来更超脱的感官享受与精神共鸣。

人的眼、耳、口、鼻、手虽说是各自为政，但是在特定的条件背景下，与之相对应的五种感觉视觉、听觉、味觉、嗅觉、触觉是能够相互作用、相互融合的。正因为艺术通感的这种特性，使得将艺术通感思维运用到设计中成为可能。通感的妙处在于它能够深入审美知觉层面，表达出超语言的美感经验。之所以说是"超语言"，是因为这种美感就是所谓的"言外之意"。如古人喜欢用"梅止于酸，盐止于咸，而美在酸咸之外"来形容介于美感的味觉感受。这"酸咸之外"其实就是超出了一般意义上的味觉感受，或者说融合了其他感觉，进入了人的心理层面。从欣赏的角度来说，通感能够完全调动人的主观能动性，给人留有尽情想象的余地，这"酸咸之外"的美意也就可以因人而异去细细体味了。

5.2　通感与传统文化认知共生思维研究

5.2.1　共生理念的含义

共生，源于生物科学的术语，是生物的一种本能生存方式，是动物、菌类、植物三者中任意两者之间为获取更好的生存环境，紧密依附，一方给另一方的生存提供帮助，互惠互利，同时也获得了对方帮助的"共同生存"关系。共生理念在 20 世纪 80 年代建筑设计界产生了重大影响，当前已经随时代发展融入各个行业领域，它强调人与环境及生态的交流，力求人与自然和谐共生。

5.2.2　通感思维与传统文化认知共生研究

　　老年人，是经验的代言人，是传统思想的奠基者，是文化积淀的载体。其传统文化主要体现在思想观念上，属于精神文化现象，而设计是物质形态的创造，属于物质文化现象，两者相互渗透、相互影响。丰富瑰丽的传统艺术宝库为现代设计者提供了异彩纷呈的艺术设计素材，在一定程度上弥补了现代设计所缺少的对传统文化、民族精神的表达。梁启超先生道："以界他国而自立于大地。"就是要求设计师有意识、有目的地将传统民族文化纳入设计中去，用现代的审美观念和设计理念对传统艺术元素加以改造、提炼和运用，以传统的文化积淀与现代的设计手段相结合，创造出雅俗共赏且具有深厚文化气息的适老化现代设计。

　　中国传统推崇以和为贵、和气生财、家和万事兴的处世哲学。其中的内涵与通感理念是一脉相承的。以"太极图"为例，阴阳鱼合抱、互含，两条鱼的内边衔合得天衣无缝，两条鱼的外边为正圆。通过太极图可以悟出一个道理：在一个统一体中，凡是有利于对方的便有利于整体和谐与统一，也就必然有利于自身。在设计概念中，这种形式称之为"互通""互让"。我们需要通过对通感理论的研究，用设计方法论来完善，进而关怀老年人的生理健康和心理健康。将中国传统文化"和""圆"思想这种有着广博的生态伦理和养生文化理念服务于老人。"和为贵""圆满""天人合一"的养生文化源远流长，内容丰富，对老年人的相关设计有很大的启发作用。

　　人类生存的自然环境对人类造物活动的影响巨大，特别是人类的童年时期。利普斯在《事物的起源》一书中阐述了环境对造物活动的制约性："气候条件、心理准备、民族迁徙和思想传播，均是增进或妨碍技术知识扩展的决定因素。雪橇和雪鞋不可能发明于丛林之中，风箱和冶炉不可能起源于无铁的北极地区；澳大利亚土著居民做不出毛毯或设想不出在吊床上睡觉，虽然这些技术的掌握将意味着他们生活标准的提高。他们思想上对这些毫无准备。假如教给他们这些秘密，他们也会迅速放弃，就像原始的俾格米人看不起周围的从事农业的尼格罗人那样。"因此，人类的造物设计可能与生活环境结合得最为密切，这些从考古挖掘资料中可以得到充分的验证。海洋文化、农耕文化、山地文化是世界文化的三大主要类型，中国传统文化属于农耕文化。农耕文化的民族比较注重人与自然的和谐关系，"天人合一"的思想是中国古代文化之核心，也是儒、道两大家都认可并采纳的哲学观，更是中国传统文化的本质所在。在这种观念影响下产生了独特的设计观，即把各种艺术品都看作整个大自然的产物，从综合的、整体的观点去看待工艺品的设计。这种设计观在我国最早的一部工艺学著作《考工记》中就有记载，《考工记》说："天有时，地有气，材有美，工有巧，合此四者，然后可以为良。"早在两千多年前的中国工匠就已经意识到，任何工艺设计的生产都不是孤立的人的行为，而是在自然界这个大系统中各方面条件综合作用的结果。天时是指季节气候条件，地气是指地理条件，材有美是指工艺材料的性能条件，工有巧则指制作工艺条件。

天时、地气、材美、工巧这四者的结合，就是自然因素（天）与人为因素（人）的结合，即人与自然共生的理念。大自然丰富的物象及其不间断的时空变化制约或影响人们的生存状态，人们便以人格化的力量对自然加以同化，赋予自然物象以生命和灵性，从而使动植物以及天文气象与人的理想愿望和谐一致，对自然的"观物取象"让民间美术有了取之不尽的工艺造型元素。

（1）人与自然共生的理念即高度地肯定了人与自然之间具有内在统一性
这种统一性就是中国传统哲学天人合一的理念核心，"将自然认定为内在于人的存在，而将人认定为内在于自然的存在"。因此，商家和民间艺人往往根据人的审美感受用象征寓意的手法，在自然与日常生活之间进行富有创造性的造型表现。民间艺人和商家在人与自然内在和谐的基础上，本着"观物取象"和"物化创造"的原则，对商品中最美或最富有表现价值的部分进行设计和加工，把葫芦、莲子、桃、石榴、鱼、蝙蝠等许多自然物作为多子多孙的比喻或吉祥幸福的象征与商品的特征、行业的特性、人们的生产生活实践的利害关系相结合，以特定寓意来传达信息、表达情感。

（2）人与自然的共生表现在自然材料的运用上　中国传统社会是以农业为主的社会，在当时的自然经济体系中，大自然成为工艺材料用之不竭的创作素材库。商家和民间艺人从朴素的生活经验出发，凭着精巧的艺术构思就材加工、因材施艺、量材为用，把美好的情感和愿望物化在材料中来表现。正如日本民艺家柳宗悦所说："古代工艺器物是人与自然相协调的结果。其中材料是天籁，是自然的恩泽，工艺器物是人为的，必然沐浴着自然的恩惠。"比如幌子作为民间商贸活动的产物，其构成材料从早期的实物幌到后来的象征幌，无不体现着材料的自然美感。幌子的制作材料有泥、木、铜、锡、草、绒线等，很多材料直接源于自然和生活，既具有直观性与高度的可识别性，又具有浓郁的生活气息。如东北地区有三宝"人参、貂皮、乌拉草"，乌拉草是盛产于北方水边的一种特殊的草类，具有很高的使用价值。东北地区的人们喜欢穿乌拉草材料做成的鞋，专门经营乌拉草鞋的店铺，其幌子就是悬挂着的若干乌拉草鞋，而在皮具铺等其他商铺里也常选乌拉草作为幌子的材料，所以幌子的材料

体现出浓郁的生活气息和民族地域色彩。❶

(3) 人与自然表现在"圆"文化之上的交融共生 中国人自古便认为宇宙是巨大而又漫无边际的，认为人类的发展是伴随自然的发展而发展起来的，对自然心存敬畏，大自然是人类认知和实践改造的对象，造物活动源于自然、融于自然并与自然息息相关。先民的造物追求人与自然和谐相处，遵从自然规律，体现出"天人合一"的思想。总体来看，人类创造及技术手段的主动性与自然界对人类的影响相比还是弱小的，因此，人类需顺应自然规律，在发展中不断根据自然环境的变化来改变自己的行为和生活方式。由于生产力水平及改变自然的能力不足，决定了我们只能与深山原野、荒漠为伴，在这样的环境中古人用丰富的想象力和象征力，运用抽象的幻化手法对生活情景进行加工、刻画，表达着自己与自然亲近相融的超脱气质。古人的智慧通过这些设计精美的符号完全展现出来。

总之，共生设计思想来自对生存环境的感受、认识和创新。人类的造物活动融合了太多的人与自然环境的关系，作为人类一种重要创造活动的设计行为，总是在特定的外在环境中进行和展开的。只有在一定的自然环境和时代历史社会环境中，才能产生出某种设计的需要和创作内驱力，产生出设计主题，进而产生出设计方案。设计行为所必需的材料、技术、信息，都来自相应的环境，体现出环境所达到的水平。人类生存环境的多样化造就了传统设计思想内容的丰富多样性，人类的生活环境对其设计思想的产生与发展具有一定的制约作用。

5.2.3 传统文化与现代设计的关系

5.2.3.1 传统设计与现代设计的价值观错位

不论是传统的实物设计或者现代设计，它们之间的差异其实主要表现在媒体技术方面，传统的手工艺造物技术就是传统设计，现代的工程工艺技术也就是现代设计。和从事传统实物设计的设计者要充分掌握特定的手工工艺技术一样，从事现代设计的设计者要掌握特定领域的工程工艺技术。它们之间不存在其他的差异。但事实上在工业化革命之前的传统手工艺设计与之后的设计一样，的确也曾满足过当时数量不大的对产品实用价值与象征价值的需求。随着现代工业化进程的发展，社会大众对产品需求数量大幅提升。传统的实物设计不论从生产力或是生产成本等主客观方面都已经无法满足广大民众在生活、生

---

❶ 孙德明.中国传统文化与当代设计 [M].北京：社会科学文献出版社，2015.

产需求。因此，进入工业化时代之后，传统实物设计终将自己生产制作的实用产品、满足实用功能的地位让给现代设计。现代设计在现代工程工艺的基础上继承了过去传统实物设计生产制作"用""美"结合的实用产品的传统。而现代设计的传统实物设计却只给自己留下受生产力、生产成本等影响不大的、制作仅有象征价值的陈列工艺品的地位。于是，传统实物设计与现代设计在一段时间内分道扬镳。

我国为农耕文化类型，长期以来生活水平低下、社会需求不高、工业不够发达，满足人们实用价值的产品需求数千年来都由传统设计所承担。目前，传统实物设计地位在客观上实现了转换，但在主观上并未完成角色转化。新的价值观尚未牢固建立，导致时空错位。总是混淆了现代设计与传统实物设计两者的价值观，造成了两种设计思维的种种混乱。一些从事传统实物设计者羡慕机械化生产的便捷、高效，总是力图以机械化生产来替代自己的手工制作，但殊不知恰恰因此抹杀了自己创造的价值。工业化使人们沉醉于那种无功利性的单纯象征功能创造的目标与方式，岂不知因此扼杀了手工造物的价值。由于这种价值观的错位，使得我国一段时间内丧失了工艺大国地位。近年，国家经济大力发展的同时，重视文化产业"软实力"的发展，特别是在民族传统文化方面，出台各种相关政策，保护非物质文化遗产，许多民间传统手工艺技能也都陆续被列入"非物质文化遗产保护"的行列。随着经济的大幅度增长，人们生活水平的提高，民众转而对精神文化方面有更多更高层次的需求，越来越多的人重新开始关注传统手工艺品，对此需求也越来越大。由几千年农耕文明发展起来的中国，民族众多，各民族祖先曾遗留给我们一套科学、系统的造物方法，在工业化大生产日益先进、经济高速发展的现代化进程中，传统实物设计中的许多思想、技巧被现代设计借鉴使用与弘扬。

5.2.3.2 传统设计与现代设计文化价值的差异

传统器物的变化与生活方式的转变有关，一个器物的文化价值形成也与生活方式的改变有着深刻的语境关系。现代设计继承发展了传统实物设计中设计、制作实用产品的"用""美"结合，以"用"为主的手工造物（产品）的优良传统，其物（产品）中蕴含的文化价值包含了主体方面的实用价值及附加方面的象征价值，前者为其外延，后者为物（产品）的内涵。可见现代设计中蕴含有一个完整的文化价值。

在漫长的封建时代，由于阶级制度严明，造物形成两大流派，一是继承了实用产品的"用""美"结合，并以"用"为主的民间造物工艺的优良传统；

另一派则失去了产品使用功能价值，开创了几乎只有象征价值的陈列工艺制品。两者都分别取得了极高的文化价值。

随着社会的发展，生产力低下的传统实物设计再也无法满足日益增长的对实用产品的社会需求，设计制作以实用价值为主、以象征价值为辅的实用产品的地位发生转换，传统设计完成了自己设计制作"用""美"结合，并以实用为主的使命。所以，在现代工业化背景下的传统实物设计也仅为自己留下了只设计制作不再具有现实的实用价值、仅有象征价值的陈列品的作用。这种转换不是人为决定的，是时代发展的必然。所以，在现代工业化背景下的传统设计与现代设计必然分别遵循着各自的价值观，沿着各自的道路发展。使得分别从事这两种不同设计领域的设计者，充分发挥他们各自应有的创造规律，努力使之成为现代设计领域中的两个方向。

5.2.3.3 传统实物设计与现代设计编码规则的差异

从符号学的视角来看，现代设计所继承的创造实用产品的传统造物设计，除了具体的工艺技术的差异之外确实遵循共同的编码规则。审视在工业化背景下现存的传统实物设计已经与现代新兴的现代设计之间极大地拉开了差距。这就是如前所述的现代工业化背景下的传统实物设计已不再设计制造实用产品，而只制作仅有象征价值的陈列品。因此，在符号功能与文化价值等方面几乎完全倒向了自由艺术，而与现代设计间产生了极大的分歧，从而使编码规则也产生了相应的差异。

现代设计中，同一个产品同时存在外延性和内涵性，外延性的一面是产品的实用价值，具有明确的基于客观构想的语义学编码规则。所谓的客观构想的规则就是指设计者个人的人体生理与主观意愿等的支配，只存在于外部自然世界的有关客观规律以及存在于使用者群体中的有关客观规律。尽管设计者也是社会群体中的一员，但面对由足够多数的被测试者根据数理统计所得的定量化、稳定的规律与数据，显得太微弱，它完全不受设计者个人的生理与心理参数所影响。因此，在设计中设计者的身体、心理的数据可以说是毫无意义的。在现代设计中象征价值是所造物的内涵性的一面。它是对所造物功能与形式统一体的主观价值，所以对该价值的认知不存在任何基于客观构想的语义学规则，而仅存在于每一位审美主体的主观之中。只有在特定语境中被反复使用的符号形式，才会逐渐被规则化形成准编码的可能。但是，在现代设计中则不是所有被造的物都有可能形成某种准编码规则的。究其原因，一是由于现代设计的历史时间短，二是由于相关物品更新周期短的两种情况。

工业化时代之前的传统实物设计，同样存在外延性与内涵性两个方面。但是在工业化时代到来之后，留存于现代的传统造物设计已把制作实用物的地位转让给现代设计。随着实用功能的丧失也就丧失了原先基于客观构想的定量化的语义规则。传统实物设计的对象一般都有悠久的历史，有丰厚的文化积淀，在构成其象征价值时除了实时基于审美主体的主观认知之外，往往已形成了众多的准编码规则。这就是目前现代设计与传统实物设计在语义学规则方面所存在的差异。

以上是两种设计在制约符号形式与符号内容间结合关系语义学规则的差异。一般语义学规则中除此之外还存在另一种制约，就是怎样的形式才能有可能成为符号形式。这两种设计中都同时存在着这种制约，它们主要是由事物中构成符号形式实体的材料、对其加工的工艺以及所造物的功能所决定的。但由于两者设计所使用的材料与工艺有很大的不同，往往也产生了这方面的不同，这也是从事现代设计与传统实物设计者所不得不加以注意的所在。现代设计是以创造物的可用性来延伸人类自身功能不足的创造活动，所以它就具有了外界依存型语构。反之，现代的传统造物设计已经丧失了它的实用价值，所以也丧失了这种外界依存的必要性，也就是失去了它由人体与生理特性所制约的语构学规则。这就形成了现代设计与传统实物设计在语构学规则上的重大差异。此外，不论是现代设计还是传统实物设计，都在成型中存在着现代设计工艺的制约。而传统实物设计在成型中仅留下了传统手工艺的制约。现代设计与传统造物设计在语构学规则上的这些差异，是从事或准备从事现代设计活动的设计者所不得不加以注意的。

5.2.3.4 传统实物设计与现代设计构成方式的差异

在造物（产品）设计构成中，传统实物设计曾经是非常严密的目的构成。但是随着其实用功能，即符号外延的逐渐丧失，之前严密的目的构成也逐渐趋向随意。甚至将可能丧失全部的意指内容，即物（产品）的每个组成部件的客观作用，而最终成为非目的构成。进一步来说，连所制作的对象究竟是象征着什么，也未必非一目了然不可。如果不同认知分别形成各不相同的意指内容的话，则更加有意思。此外，传统实物设计中的象征价值也不同于现代设计的象征价值，因为它已逐渐丧失了它的实用价值，所以它的象征价值也就逐渐变为只是对其形式的主观价值而已。

现代设计是以实用价值为其存在的前提的，没有实用价值就没有现代设计产品的存在，没有实用价值也就没有基于它的象征价值。现代设计的产品不仅每一个部件分别具有各自的功能或作用，并且作为完整构成体的物品更有它复杂的实用价值。所以现代设计是基于严密的语义学与语构学规则的目的构成。即使是它的象征价值也不同于传统实物设计的象征价值，它是一种二次功能，是基于实用价值这种一次功能而形成、确立的主观价值。因此，必须构成实用价值，并以实用价值与其符号形式的双面体为客体构成象征价值是现代设计所不同于传统实物设计的主要分歧。

5.2.3.5 传统实物设计与现代设计传达主体性的差异

现代造物（产品）设计中设计者之所以要在物（产品）中创造实用价值与象征价值就是为了能让这些价值对信息接收者忠实传达、如期驱动。所以设计符号的功能就是一种以传达物（产品）实用价值为主的文化价值的实用功能。在这种符号系统中信息编码不仅为信息接收者对信息的解码提供了严密的编码规则，还为信息接收者对信息的解释提供了正常的语境，乃至准编码规则。设计者煞费苦心创造的文化价值一般都能为广大的消费者、使用者所基本重建，所以，必然又必须是一种信息发起者主体性的传达。而现代的传统造物设计因为已经丧失了它的实用价值，它所关心的已只是产品的象征价值，只是对所造物（产品）形式的主观价值。所以也在一定程度上成为一种信息构成的自我目的化。信息的构成并不遵循于信息收、发者双方的共知、共识，基于客观构想的、严密的符号规则。以此在信息中也并没有给信息接收者太多的解释信息的线索。信息接收者在信息"重建"过程中也只是一种参与对符号规则的猜测，到参与对信息的见仁见智、千人千面的再创造。所以，同一信息就有产生多种意指、多种价值的可能，这也正是现代传统造物设计的魅力之所在。信息接收者究竟各自再创造了怎样的信息，信息发布者根本无法左右。在这方面传统实物设计也倒向了自有艺术的那种信息接收者主体性的"传达"。因此，自进入现代社会以来，传达主体性的不同已成为传统实物设计与现代设计间的又一项重要的差异。

5.3 从共生设计到适老化设计

共生设计主要表现为形式上的共性、关联及整体化；功能上的合理、衔接及一体化。把具有相同、相似、相近、相关造型元素或功能进行整合，实现视觉信息的传达、产品功能的多样化和空间的集约化，同时也引导老年朋友正确的日常行为和价值观，促进视觉、产品、空间的可持续性发展。

"境"是中国境界说的美学思想,它作为美学体验范畴包含了物境、情境、意境三层境界,因此符合适老化设计的基本属性。从用户体验的角度将其设计交互方式分为三个维度:物境交互、情境交互、意境交互,这三个维度相互影响,从物境交互到情境交互的过渡形成由表象到内在的交互过程,这等同于通感表达。具体来说,物境交互体现在设计的外在表现,主要通过视觉、听觉等感觉器官将设计作品的形态、色彩、材质等特征信息直接反馈给用户,它是用户通过感官感受到的一种直观感受。情境交互是用户和作品之间的行为活动,它比物境交互更深入一步,注重对设计作品功能、操作、结构等特征的表达。通过人们在现实生活中的一些使用习惯和行为方式让用户和作品进行互动,引起老年人更多的情感共鸣,促使用户更高效地理解设计作品的深层次表达。意境交互则是在物境交互和情境交互的基础上形成的,它是用户和设计作品最深层次的交互,是将设计作品的文化表达和用户过往经验进行连接,使用户深入理解设计作品中蕴含的精神、信仰、审美等元素,属于老年人的意识形态领域。物境偏于形似,情境偏于行为,意境偏于意蕴。

自现代设计诞生以来,世界范围内的设计格局主要由西方主导,当代中国设计虽然发展迅速但对世界设计的引领性影响还不够充分。在全球融合与竞争进一步深化的今天,特别是在中国老龄化大背景下,我国想要在文化上实现"走出去"战略,经济上孕育出一众具有国际影响力的商品品牌,审美上贡献出世界级的中式时尚力量,以适老化设计为切入点,生成一种"既有现代感又独具中国特质"的现代性视觉品质。这需要建立一种基于通感理论,以中国传统文化基因、艺术精神、思维范式、美学形态为基础的"中式适老化设计"。

中式即为中国式或中国风,在本书中主要区别于西方,也可以理解为以中国文化为母腹的东方文化。在《辞海》中,"中式"的"式"可以找到"形式""样式""范式""方式"等衍生词,分别着眼于视觉形式、经验方法、习俗文化等层面。老年人,是经验的代言人,是传统思想的奠基者,是文化积淀的载体,所以将中式设计与适老化相结合是可行的。

5.3.1 平面媒介与"和""圆"文化合璧式共生的适老化凸显

平面媒介主要对应于平面视觉设计,也叫视觉传达设计。商品的平面视觉体系主要包含主标志、商品的内外包装、宣传招贴、周边应用设计、信息平台的界面设计等。平面视觉设计的实用功能在于通过视觉途径进行商品信息的交流传达,具体表现在:①内容文本信息,即该商品的相关介绍,等同于物境语意的表达;②象征意义,即对商品价值体现,等同于情境语意的表达;③商品的文化内涵，即由视觉形式美而产生的精神指向和体验，等同于意境语意的表达。在平面设计领域，功能、形式、意义三个价值维度是以重合的方式存在的，并不能清晰地进行层级结构拆分。具体来看，符号意义的本质是一种象征寓意的信息传达，而信息传达正是平面视觉设计物的实用价值所在，因此意义也就成了功能的一部分。通常的平面视觉设计中，信息传达就是依靠图形及其意义符号来实现的，意义在该设计中被自动整合入功能层。鉴于平面视觉功能的信息传递媒介就是图形、图像、文字等视觉内容物，而这些视觉内容物也正是设计表达的素材，因此视觉形式层与功能层就紧密重叠了，视觉传达设计的意义符号层、功能层以及视觉形式层是相互融合、整合为一的，它的本体物就是由图形、图像、文字等附属内容组成。这些内容物的视觉观感是一种感性呈现，即眼睛瞬间遭遇平面视觉物象的内心直观感应，是"目视"瞬间打通心物阻隔产生的"神遇"。平面视觉物里面的主要设计对象可分为图形和图像两类，图形是一种具象视觉的抽象归类；图像是对具象视觉的模拟呈现，前者主要用于标志和核心图形的设计，后者主要用于背景图像、氛围感的营造。❶

标志设计是一种图形符号的形式表达。设计既需要寻求最完美和谐的符号形式来构建图形的符号系统，还要表达为一种象征、意义符号，即具有一定的象征功能。另外，标志符号还要讲究形式表达的旋律与美感及丰富的精神内涵和意义特征。商标要在细小范围中反映具体的艺术特征，给人以美感、动人的形象，形式上醒目、强烈，只有优美和谐的装饰风格才有吸引力；而且有运动变化规律的图案美，更能引人喜爱，耐人寻味。各行业、企业都倾向于选用简洁、特征明显、易识别、易记忆的标志符号来传播信息，希望能在符号海洋中给消费者留下深刻的印象和亲切感。现在来看这种做法能否适应现代文化多元化的发展，能否抓住消费者心理是值得商榷的。近些年来在欧美许多国家的设计观念已经发生了巨大的改变，那些为大家所倡导的简洁、功能第一的时代已经结束。

随着时代的发展与变迁，加之人们居住环境的不断改变都影响世人的生活观念和审美心理，世界设计思潮出现了"反国际化"现象，标志设计类型、风格呈现多元化发展趋势。在全球性的视野中，应充分而深入地探讨传统中国美学思想的特性和历史存在形态，通过本土学术资源的现代转换，找到对外进行平等有效的学术沟通的"对话性"的基点和根据，促成中国美学在新世纪具有世界性的现代学科建构。

---

❶ 张瀚文.物感视域下的中式设计视觉现代性［M］.北京：化学工业出版社，2020.

视觉信息构成元素的有效性编排内容如下。

（1）色彩文字　　从通感思维角度我们得知，当老年人的视觉、听觉、认知行为系统出现衰退时其心理、神志也会表现出脆弱、敏感。以老年人的视觉感知为例，色彩在老年人的视觉感知中具有优先性的，色彩的视觉刺激直接影响老年人的内分泌系统。不同的色彩环境和文字设计会给老年用户不同的心理体验和生理感受。国外在医学治疗领域运用色彩疗法已经具有多年的临床辅助治疗经验，这点已得到国内外医学专家的认证。在色彩设计方面应注意界面色彩不宜过多，保持统一性和稳定性，宜使用红、黑、白色，对老年人心态的恢复具有积极的作用。在必需的信息分层设计时，为了区分功能模块，达到有效信息传达的目的，可使用不同的色彩以区分强化这些信息，使之与其他区域分开，总体上把握和谐一致、稳中求变的视觉节奏感。

文字设计方面，第一诉求就是"直观"，即保证老年用户浏览信息时能快速准确地获取内容。文字选择尽量清晰、易懂、简洁，20 字号左右，每行字的长度以 350pixels 左右最合适老年朋友阅读。第二诉求是"易读"，应尽量使用文字与页面背景对比强烈、层次分明的排版设计。另外，同一页面上的文字字体尽量统一，多采用传统的宋体、黑体为宜。文字，作为视觉传达中的要素，不仅要注重良好的视觉感受，而且要给用户带来适宜的心理感受。色彩文字的有效设计见图 5-1。

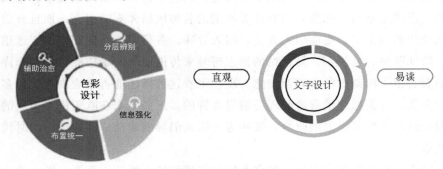

图 5-1　色彩文字的有效设计

（2）图形图像与版式设计（图 5-2）　　用户在浏览信息时，图形图像会更优于周边其他信息，更能带来直观的视觉与心理感受，在设计中置入更多老年人钟爱的传统图形图像来辅助信息的传达，更容易抓住用户的眼球。设计时要注意以下几点：①图形简练化，对于一些复杂的传统图形要进行概括提炼，画面简洁，提高表现力；②内容夸张化，在原有图形基础上，可以具体图形特征和美感进行夸大处理，提高其艺术感染力；③图形符号化，好的符号是最简练的表达，可以从传统图形中提取认知性高的符号，不仅可以简化版式，加快信息传达，还可以启发用户的想象空间。

图 5-2 图形图像与版式设计

进行版式设计时应从前面分析的老年用户的视觉习惯为出发点，自上而下，结合平衡、对称的设计法则，在布局上达到一种平衡稳定的状态。除此之外，版面设计时应适当"留白"，将中国画中的"计白当黑"运用其中，可以更好地烘托主题，渲染氛围，使页面疏密有序以更有效更科学地进行视觉信息传达。

（3）清晰准确的模块导航 养老平台的导航决定着用户浏览信息的顺序，所以导航模块的设计应该注重独特化、适老化，使老年用户浏览时能获得更好的交互体验。根据通感思维得出的老年人的视觉特点、阅读习惯设计一个简洁、醒目的导航栏同时兼顾比例舒适度，以达到让用户长时间停留获取信息并提升用户体验感（图 5-3）。

（4）图形设计 图形设计的适用对象主要是标志和核心图形的设计。标志设计是消费社会时代的图腾，是现代设计的标志性徽标，其特点是空洞性和极简性。根据本书第 1 章解读老年人得知，老年人视力、记忆力均退化的情况下，适合老年人的标志设计的视觉特点就是极简，而且该设计需要与对象商品的核心特质相关联，易于识别并能凸显产品的优越感和品牌魅力。中式意味的标志设计即是在抽象概括的极简图形基础上体现出一种"中国风"的美。这种设计风格更适宜于老人，更容易产生情感上的共鸣。

圆形是自然中的形态，我们理解为一种曲面的形态，它以最短的周边闭合成最紧凑的形状，并只有一个向度——半径，圆形在物理上表示在一定容积下面积最小的形态，具有外形小、体积大、包容感强的特点，其连贯的柔和转折容易给人无边的感觉，具有向心、集中的特点，表现出收敛、含蓄的美，可以满足人们多角度审美的要求。完整的圆形在圆周上一点的视觉引力都是均衡的，是一种运动形象直接的心理对话，是活泼、柔和、圆润、亲切、安全、圆

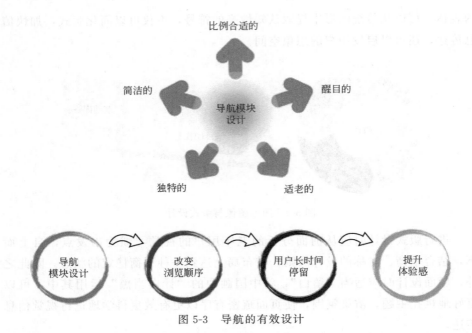

图 5-3　导航的有效设计

满的感觉。比如杭州的城市标志，也融入的"圆"的思想。是将地域风貌特色与中国传统文化底蕴相结合的典范。标志以"杭"字的篆书作为主体，在汉字笔画中藏进了城市的诸多意象，整体看起来像是一座江南园林及其内部建筑构造，有飞檐和圆形拱门；右半部分的"亢"则藏入了西湖美景"三潭印月"；散而细看，不同笔画又形成了园林、拱桥、航船、飞檐、凉亭等江南地域特色的景致符号。深得杭州人特别是"老杭州人"的喜爱。如图 5-4。

图像设计适用于平面视觉设计中的延展图形、具体应用设计等物件上。设计者为了能设计出适合老年人的相关产品，首先要学会从视觉角度入手，然后利用视觉心理学分析老年人的心理，通过科技手段呈现一些冲击人眼球的画面和图像，给受众留下深刻的印象。视觉是思维活动的一种体现，是老年人看到某些画面时当即产生的反应，这是一个比较直观的过程，但前面讲到的视觉心理学则是外部事物通过视觉器官引起的心理学反应，这是一个由外向内的复杂过程，由于外界影像丰富多彩，而内心心理复杂难

图 5-4　杭州城市 logo

辨，两者是可以相互转化并借此发生着千丝万缕的联系的。不同的影像、不同背景的老年人，相同的影像、相同背景的老年人产生的心理反应是不一样的。

广告是信息传播的有效载体，也是以吸引人的注意力从而形成诱导、劝服与改变某种观念的一种手段和策略。在广告设计中，将老年人的心理情感融入其中，运用"通感设计思维"，在表现手法上结合老年人美好的心理情感来烘托主题，真实而又生动地反映老年人的审美心理感情，发挥艺术感染力，增加强大的视觉冲击效果的设计作品才是适合的。如图5-5（设计者：浙江科技学院视觉传达专业学生陈煜），通过视觉信息的图形化设计，将老年人长期吃药的焦虑性心理压力通过一组图形设计（吃药前坐轮椅，吃药后健步如飞抱孙子）加以缓解，使其发生根本性心理变化。

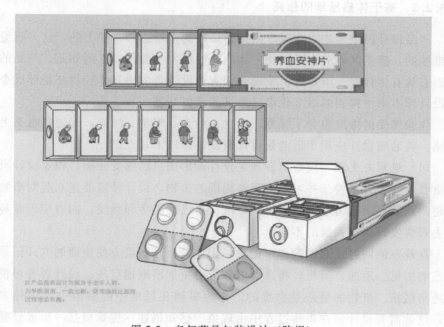

图 5-5　老年药品包装设计（陈煜）

5.3.2　产品设计思维的适老化凸显

5.3.2.1　设计文化的依托

我们知道，今天的设计行为已经发展成为一个全链条式的设计整合过程。当技术实现过程走向集成时，其产品的文化属性要求更加凸显，甚至可能成为形成产品差异化特征的重要组成部分，适老化设计对文化的依托显得尤为重要。

这里谈到的文化包括老年人的观念形态、精神产品、生活方式等方面。适老化设计就是将观念的引领、精神需求的满足、生活方式的优化等要素附着于产品，并让其加以呈现的过程，是文化经验的内化与产品的有形外化的过程。文化不是知识本身，而是建立于知识之上的思考与理解，以此来形成文化意识，进而形成文化行为，这样由内而外的文化行为所驱动引导的设计思维必然是具有人文价值取向的设计过程。设计师意识到设计文化的属性，提高自身的文化积淀，探索文化力促进下的适老化设计，是设计者形成适老化设计思维、完成优秀设计的前提要素。

5.3.2.2 基于体感思维的依托

产品设计思维是建立在对产品存在场所的体验感知基础上的，这一感受是多维度的，感受的效应会因感受主体的不同而发生变化，正因如此，产品的存在形态具有多样性、丰富性。发现并保有被设计者的感知体验特征是形成个性化设计即本书中提到的适老化设计思维的重要基础。

体验感受的维度包含了视觉、听觉、触觉、嗅觉、味觉，即通常意义上的五感。将通感设计应用于适老化设计需要注意以下几点。

（1）观察与发现 观察与发现是设计师形成自己感受经验、积累设计灵感的重要途径。为了善于并习惯于观察周围的事物，设计师需要建立起对事物感兴趣，能够充满感情地去接触事物，沉淀自己的思考和感受。同时应带着趣味心去观察发现老年人群的不同。

在观察的同时还要做到善于记录，用适合自己的最方便快捷的方式记录下自己的所见、所闻、所想，将自己的感受力更加清晰地呈现。设计者要习惯于描述与概括。事物的呈现是多维的，作为事物在思维中的映射也应该是多维的，这就需要设计师在观察过程中由现象—感知描述—提炼概括—形成经验。

（2）角色体验 善于转换角色，体会老年朋友在不同情境下的需求与感受，是设计师要具备的重要思考能力之一。尝试角色扮演，将自己置身于其中，从过程中获取间接经验，分析需求来源，寻找设计落脚点的有效方法。如同演员需要去理解角色一样，设计师需要对研究对象有同位角色的思考过程。用同理心感知其所处的状态，从而发掘其设计要求。同时，设计师需要走进角色，在不同的场景中去沉淀自己的感知经验，为不同语境下的设计呈现阐释积累能量。

构建虚拟场景道具，模拟使用者状态，从角色扮演中感受其用户需求，通过完整事件的"演习"来体验使用者的多维度感受，发现并提炼设计需求。过程中要加以记录，并进行体验分享。这是适老化设计常用的分析研究方法。

（3）触摸材料　材料的呈现是立体多维的。通过视觉、触觉、嗅觉等感官来感受材料的特征，形成对材料的理性立体化认知，是创造性运用材料进行设计的基础。

（4）调查与判断　设计的起点是对现象的察觉，了解生活中存在的状态，并捕捉信息、发现问题、进行思考。调研的起点定位来源于既有的常识和经验，广泛的知识视野，尤其对当下适老化需求的了解，对解决问题方式方法的综合性把控提出了更高的要求。

5.3.2.3　基于递进思维、圆文化意境的依托

莱茵内尔·斯坦丁在《认知10000张图片》中说："辨识记忆图片的容量几乎是无限制的！"人们存在于图像的世界中，最直接的认知便是图像化的信息，据此，对图像的认知已经变成了我们本能的一部分。图像信息中包含了大量的人脑技能：色彩、外形、线条、维度、质地、视觉节奏等，当然还有想象！想象就是用大脑来画画。绘画是每个人都具备的表现能力，设计师要抓住这个可以打开创造力大门的钥匙，用它来激发、促进我们的创新思维。[1]

进化心理学家斯蒂芬平克认为："人类思考更多依赖于视觉图像、听觉图像以及逻辑命题和规则，而不是语言。"通过视觉的呈现能够不断促进思维的进阶，将思维引向深入。视觉化过程是思维能力、感知能力、记忆能力、创造能力以及自信心综合发酵的过程。思维的视觉呈现是将无形转化到有形的过程，是清晰思维轮廓，描绘思维路径，筛选过滤，层进思维的重要途径。具体可归纳为：①图文速记；②思维爆炸图；③讲故事；④草图；⑤思维的递进。

图文速记是用图文的形式迅速记录下发散思维的过程，是把设计思维引向深入的重要促进手段，其中标签墙是头脑风暴过程中常用的讨论记录方法。漫无边际的冥思，相互的激发，概念的促进，直到最后概念确立。在头脑风暴过程中，标签记录起到有效的、快速的作用。思维爆炸图是以图像的方式围绕一个主题去探讨其中所有创作的可能性。它为想象力提供了广阔的空间，具有极高的创作灵活性。通过思维爆炸图的多样化视觉表达方法，运用图像、颜色、文字、形状等元素进行发散性构想，进行不同维度的转换，不断界定甚至颠覆前面的观点和概念。抓住情绪化及五感的反应，利用通感思维进行图形化关联最终达到适老化设计的初衷。讲故事可以是对现有状况的陈述，即讲述一个与

---

[1] 刘斐，魏劭农.产品设计思维：无界思考与优化呈现［M］.上海：上海科技教育出版社，2020.

目标原型相关的故事，描述产品使用的经历，通过故事还原产品出现的问题，最后设定系列情境思考寻找最终解决方案，其内容和形式是多样的。故事还可以涉及对未来的描述，对新设计理念的构想。老年群体是相对比较特殊的人群，设计前的倾听与观察是非常有必要的。设计师倾听老年人的故事，能够获得更多间接的经验，启发更多创新想法。观察可以算作更高级别的倾听，用户在表达的时候并不会说出自己习以为常的东西，我们需要观察用户的行为细节来发现问题的需求点，将其体现在设计中，真正让用户体验到产品的友好性。草图可以用来增强设计师的想象力并缓解容量有限的内存压力。内存资源的有限，要求设计师将未形成的创意在消失之前放到纸上进行快速检测，进而对这些创意进行评估、修改、增补，确定它们的去留，保证整个设计过程的流畅性。微软首席科学家比尔·巴克斯顿说："草图是一个生成和共享创意的快速方法，通过这种方法，创意可以生成更多创意。"草图具有快速、及时、廉价、可支配、丰富和模糊等特点，它可以传达出足够的解释信息，并将大量的信息留给观看者进行后续的想象。思维的递进呈现即设计思维的显著特征是以设计结果为导向，不断通过视觉呈现，推进思维深入，最后形成方案。

5.3.2.4 通感概念下的多维式启发

爱因斯坦曾经说过："很少人是用自己的眼睛去看和用自己的心去感觉的。真正有价值的是直觉，在探索的道路上智力无甚用处。"适老化设计是一个内化万物而后化一物的过程，它要求设计师具有敏锐的洞察力、丰富的实践经验和创造性的构想能力及建立在解决问题途径之上的逻辑创新能力。设计思维包括普遍性思维以及建立在普遍性思维基础上的个性化思维。接下来讨论的多维式思维主要包含以下几种：①场景式思维；②关联式思维；③端点式思维；④融合式思维。

（1）**场景式思维** 产品系统设计重要的思维方法之一，特别适宜于适老化设计。所谓场景式思维过程是设计者将产品所存在系统置于行为时间发生轴上进行分析的过程。设计师被形象地比作"导演"，要求极高的情境构想能力。场景描述与解析需求对系统的构成有整体性理解，要求准确掌握系统的类别、系统的层次、行为系统特征、心理系统特征等要素，在描述与解析的过程中逐步形成对该系统设计需求与创新概念的发散构想。设计师是在对使用者行为实践描述的过程中找到需求问题解决的切入点，明确系统属性定位，逐步建立具有问题针对性的系统解决框架，并最终完成产品设计解决方案。场景的构建是建立在认知经验基础之上的。正如米哈里·契克森米哈赖所说："我们想要验证人们定义他们现在是谁，他们曾经是谁及他们想要成为谁的过程中，物品所起到的作用非常重要。尽管物品很重要，人们对其被赋予的意义、参与目标方式以及事实体验，却知之甚少。"我们应该有意识地全面接触各种不同类型的生活状态，真诚地走到生活中去，亲自体验并形成认知经验，是当代设计师能够建立起有效场景式思维分析能力的重要保障。图 5-6 设计是符合老年人生活习惯的家具，这一设计就是基于场景描述思维，对老年人的生活行为进行整体描述后，通过家具单元体动态组合设计，在老年人使用过程中，逐步记录老年人的习惯特征最终形成与老年人行为习惯相一致的产品架构。在这一案例中，我们不难发现，其实设计的思维与方法只是启发设计者寻找解决方案的诸多途径之一，也就是说，同样存在其他诸多的思维方法能够引导设计者形成该解决方案。设计思维与方法是设计师与产品之间的超导介质，必需却并不唯一。

图 5-6　老年人衣柜

（2）关联式思维　日本有名的设计师原研哉曾说："设计不是一种技能，而是捕捉事物本质的感觉能力和洞察能力。"事物之间是紧密联系的，物是环境中的物，是相互关联着的物。发现物的本质并建立起系统内事物间的关联性是明晰产品本质的关键。关联式思维是系统设计过程中重要的基础思维模式之一。系统概念的核心就是普遍联系地看问题，整体地分析问题。系统产品间的联系是立体多面且错综复杂的，如何从中提取针对所要解决问题的必要关系，是关联式思维强调的重点。设计中，分析老年人某种行为特征的同时，将同质特征的其他行为进行参考列举，目的是在直觉相似的行为间寻找共通的关联性，运用通感思维，从直观感知中寻找这一感知背后的内隐同质性。如图 5-7 的衣架灯，解决了老年人夜间起夜穿衣寻物以及照明寻路的问题。设计师观察到了日常生活中老年人常常起夜的现象，利用关联式思维方法，找到了灯光、位置、移动这三个关键行为节点。对此进行深入分析得出的问题症结是：起夜灯光照明不足、衣物位置判断不清、开整体照明影响伴侣睡眠及局部光源无法移动。得出了图 5-7 的衣架灯设计，将手电筒与衣架结合在同一产品之上。衣架顶端部分可以旋下充当手电筒，当手电筒固定在衣架上时又会形成挂杆位置的光亮提示，从而方便起夜老年人在整个过程中寻衣、穿衣、上厕所等一系列整体行为过程。

图 5-7　衣架灯

（3）端点式思维　"如果一个想法在一开始不是荒谬的，那它就是没有希望的。"爱因斯坦这样评价成功想法的前提。设计过程也是如此，没有大胆的构想就很难有突破性的进展，适老化设计更是如此。那么如何才能生成突破性进展的构想呢？《礼记·中庸》中讲道："执其两端，用其中于民，其斯以为舜乎？"中庸之道就是"执其两端而用其中"。执中就是拿捏得当、恰到好处，这是设计的最终目的。而执中的前提是明晰事情发生、发展、结束的端点。只有知其两端才可能有效地控制事情发展过程中的节点，完成有效设计。端点思维就是基于这样的思想而建立起来的。当确立了一个设计选题，接下来第一项任务就是对该选题进行描述，理清选题的意义，继而进行端点式思维开始。对现有系统中的问题节点进行正面与负面推演构想，围绕设计目的进行构建。

图像化思维是最为直接有效的认知方式，是认知过程中的主要途径。尝试将获取抽象文字信息的过程变成图像识别过程，将复杂信息或较难快速识别的信息进行图像化处理，是提高产品使用效率的捷径。如老年人适用手机：设计师对老年人使用电子产品相对较困难的问题，提出"零界面"作为理想端点构想。"界面"分为硬界面和软界面，具体包括按键、屏幕、菜单、字体、语音、图像、符号等。如何实现"零界面"，涉及人机交互、操作逻辑、界面美观等对层面问题。设计者对问题发展端点做了多重假设：去屏幕、去按键、去操作、去符号等。分析确定后，操作中最为困难的症结在寻找人名和拨号上。最终设计点落脚于"去拨号行为"的创意上，即用识图代替寻拨号码，利用简单的感应技术，通过对亲友照片或标识信息的感应实现自动拨号，完成友好设计。如图 5-8。

图 5-8　老人智能拨号机

　　（4）融合式思维　在既有产品上，通过与其他相关产品的功能组合，形成产品设计方案。融合式思维在功能及使用方式较为固化的日用品上，加入合理的辅助功能。新功能的植入要具有一定的巧妙性。既要对原产品进行有效补充，又不能简单地功能叠加。如图 5-9 所示的趣味拐杖设计，设计者运用了融合式思维，将符合老年人兴趣爱好的动作、行为、游戏等并列考虑，实现拐杖

图 5-9　趣味拐杖

功能与形式的拓展。最终选择了"摆动滑块"作为产品的趣味构件。老人出门在外时，只有条件允许都可以双手持握拐杖，通过手臂拉动让滑块左右滑动，实现了活动上肢的锻炼目的。该设计在不改变拐杖基础功能的前提下，融合运动器材的属性，实现了产品的设计拓展。

通过以上案例分析，我们能够发现，融合式思维相对直接，是在设计定位与功能要求都比较明确的时候最常用的设计思维方法。

5.3.3 环境空间的适老化凸显

5.3.3.1 从形型到环境空间

形态学又名造型论，环境空间设计最根本的就是建筑空间的造型表达。空间造型指用特定的物质材料，依据空间功能在结构、形态、色彩及外表等方面进行的创造活动。作为艺术与技术的结合，环境空间设计必须解决包括形态、色彩、空间等要素在内的造型问题。从这个角度来看，形态学是一切造型设计的基础，贯穿于造型活动的始终。形态学重点是通过外形把握其表现，即通过特点对观者所产生的心理效益去研究形态的"态势"或"生命态"表现，以设计上对形态注入敬老情怀为切入点，从"圆"的意境出发，挖掘传统文化与空间布局的共生之处。

适老化是一种设计理念，更是一种敬老情怀；它不光是设计技术，其实更应该是一种关爱老年人生活的情怀。科学研究表明，老年人在生理方面产生了一些变化，因此对居住的房屋、设施及环境产生了许多特定的需求。针对每个养老项目而言，国家关于适老化环境空间设计出台了相关参考和标准，但相对于标准和参考更重要的是应根据老年人的生理特点设计出更符合"圆"型意境、"天人合一"等融会贯通的项目定位且具有独特亮点的适老化环境空间设计。

5.3.3.2 从造型美学到环境空间

从现象上看，美的事物给人以特定的审美感受，它能引起人们一种特定的情感反应。其实美学从某种意义上是"人的本质力量的对象化"，即理性与自由力量的对象化。造型艺术是指使用一定的物质材料，如颜料、绢、布、纸张、石、金属、木、竹等，通过塑造可视的静态形象来表现老年生活和老年情感的艺术形式。因此习惯上，造型艺术也被称为"美术""视觉艺术"或"空间艺术"。

（1）自然与造型　生活中经常能看到许多有规律的自然图案和造型，这些都可视作适老化设计的源泉。

有自然物就有着人类模仿和改造的人造物，人造物有着独自的特性。有的整体外形对称，细节内部非对称；有的整体外形非对称，细节内部对称。在创造人造物的时候，设计师会根据服务对象特定的文化精神、情感需求、传统观念等造物设想，从而完成友好设计。

（2）科技与造型　当按照某种计划和构思具体进行造型时，绝不是仅靠塑造技术就能完成的。技术、形态和思想三者缺一不可。技术从技法、技术和技能三方面入手。就技术的内容而言，可以考虑区分为个体老年人、区域老年人和新老年人。三者是一个有机的整体，在环境设计与空间造型时应注意结合地方特点和时代特征。

一般来说，造型和科技的关系可以从两个方面来考虑，一是造型用到的科技，二是供造型用的加工科技。随着电子计算机进入到设计领域，促使造型上展现了无限的可能性。

（3）社会与造型　在现代工业生存社会中，我们有责任保持自古以来的优良传统，并一代代地延续下去。在有效利用传统造型活动的同时，要考虑合乎老年人要求的新设计，这是有效利用自古以来的技术来尝试适应现代生活的造型方法，将传统技术机械化来适应大量生产的观点。拒绝和抛弃传统的束缚，创造出新的适老化造型。

风土人情影响着老年人的精神生活，且与造型作品有着直接关系。随着工业化的大量抽象生产，产品质量同一化，加工技术均一化，出现了很多与地区风土无关的造型。在考虑风土和造型时，从国情、省情和具体区域场所的实际出发，做到真正的适老化设计。

（4）形态构成法则　量感与张力又可称为三次元形体分类及审美特征。此特征可以从三个方面进行解读。按自然想象划分，三次元形体可分为单纯块状形体、表面凸凹浮雕式形体、块形上有洞穴的形体、板形扭折或翻转状薄壳形体、悬挂浮动状形体以及活动性机动状形体等。视觉张力一般表现为：①速度感；②反抗力；③气势感；④生命力。

和谐与有序主要有多样统一、调和对比、均衡对称、节奏韵律。在艺术设计中多样统一是构成形式美极为重要的法则之一。根据表现目的和设计要求，设计师应注意把握好统一法则。分别为主属、重复和集中。调和对比不仅容易产生视觉认知的冲击效果，还能够左右形制与态势，在空间形态上扮演着极其重要的角色。在空间设计中表现为三种形式：一是稳定平衡；二是不稳定平衡；三是中立平衡。对称是指由两个以上的单元形状，在一定秩序下向中心点、轴线或轴面构成的引射现象。用在设计美构成中除最常见的两侧对称和放射对称之外，还表现为移动、反射、回转等形式。经过长期社会实践的逐渐探索，"黄金分割"成为人们一致认同的美的比例关系。在适老化空间设计中同样适用。

一般造型表现主要为艺术性的表现以及设计、工艺的表现，艺术性表现活动是作为进行造型制作活动的主体的人，具有艺术表现的意志，在将其意志作为物的客体化过程中，通过与材料及其加工有关的技法所表现的活动。设计的造型表现方法，是不断地发现老年人生活中所必要的各种问题，经过有计划的、科学的程序，提出解决具体可行的方案；工艺的表现则具有从设计性的造型，到艺术性的造型这种广泛的表现方法。造型表现活动主要有四个：再现性表现、抽象性表现、思考性表现、适应性表现。设计美的构成表现主要有四个：粗犷与精细、简朴与华丽、夸张与生动、直白与隐喻。

(5) 形态心理　通常人们认识形态是通过视觉和触觉来实现的。如对感知的形态认为是美的或不美，这就是知觉产生的心理过程，这些感觉是相通的、相互感应的。人的知觉是不完全客观的，老年人亦是如此。个人所见到的物体形态都带有几分主观性。因为人们对对象的知觉是受他们心理活动影响的，是各感官之间的化学反应。

老年人表现在审美方面的差异，主要受文化水平、艺术修养、社会经历、兴趣爱好及性别的影响。审美心理活动包括老年人的内在心理活动和外部行为，是感觉、记忆、思维、想象、情感、动机、意志、个性和行为的总称。表现在审美心理及对形态的认知上有着很大的共性之处。通过对老年人的形态心理共性方面的研究探索，了解老年人是如何认识形态的，并在理解他们认识和接受形态的心理过程基础上，更好地掌握老年人的心理因素，正确地把握形态的表现力及个性，使形态设计达到更深层次，比如力感、通感、求新与创新和联想。

力是一种看不见的东西，对它的感知只能是凭借某种形态的势态。空间设计中力感的表现往往通过形态的向外扩张及某种势态，如饱满的形态往往给人一种向外扩张的力感，前倾或垂直的形体给人一种向前或向上的动感，弯曲的形体有一种弹力感。空间设计方面，对于力感的表现体现在线形的速度感、方向感、形体的体量感和材料的质感等。

老年人在感知的过程中，视觉、听见、嗅觉、触觉、味觉等各种感觉彼此交错相通。根据"通感"的心理特点，设计师需要广泛吸收生活经验，来不断补充和提高认知区域，从而拓宽自己的设计视野，提高空间设计的文化和传统内涵，做到以新代旧，不破不立的设计精神，时刻关注政府法令、政策导向、社会习俗等。在空间设计上采用新材料、机构、构造或运用新的能源等。

联想是由一种事物想到另一种事物的心理过程，是以过去的生活经验来诠释现在的生活状态。通过联想，设计师可以获得更为宽广的设计天地，产生出极其丰富的形态，把老年人的普遍思维带进联想的空间。

(6) 空间形态创新 创新的空间形态不是最终的目的，是通过老年人在社会实践中长期积累起来的美的经验，来进行各类艺术空间创造。熟悉和掌握形式美的基本原则是创造立体形态美的必要基础。体量感、动感、秩序、稳定感、独创性都是不可或缺的元素。设计师在改造老年人生活环境、创造生活形态的同时，必须从自然物和日常生活获取设计灵感。

第 **6** 章　适老化设计思维在视觉信息设计中的应用

6.1　视觉信息设计的概念

6.1.1　视觉设计

视觉就是人或动物通过眼睛这一器官，对周围事物形状、大小以及颜色的感知。也可理解为人或动物对光的感知，看到事物后大脑对其产生的反应。视觉是社会功能的延伸，可归于肢体语言的一方面，是人类特有的传递信息的方式。视觉设计是针对眼睛功能的主观形式的表现手段和结果。

视觉设计的理论范畴广泛：①眼睛器官的生理分析；②视觉信号传递的生理分析；③视觉经验形成分析理论，其他感官对视觉的影响；④视觉心理学；⑤与视觉科学的交叉学科；⑥视觉仿生学；⑦视觉与认知的关系研究；⑧视觉信息分析；⑨视觉科学展望；⑩视觉哲学；⑪视觉效率；⑫视错心理研究；⑬增强视觉途径研究；⑭极端视觉的形态与意识影响分析。

在这里要提到视觉设计中一部分被称为视觉传达设计。视觉传达设计主要针对被传达对象即观众，缺少对设计者自身视觉需求因素的诉求。视觉传达是人与人之间利用"看"的形式所进行的交流，是通过视觉语言进行表达传播的方式。不同的地域、肤色、年龄、性别、语言的人们，通过视觉及媒介进行信息的传达、情感的沟通、文化的交流，视觉的观察及体验可以跨越彼此语言不通的障碍，可以消除文字不同的阻隔，凭借对"图"——图像、图形、图案、图画、图法、图式的视觉共识获得理解与互动。视觉传达包括"视觉符号"和"传达"这两个基本概念。所谓"视觉符号"，顾名思义就是指人类的视觉器官——眼睛所能看到的能表现事物一定性质的符号，如摄影、电视、电影、造型艺术、建筑物、各类设计、城市建筑以及各种科学、文字，也包括舞台设计、音乐、纹章学、古钱币等都是用眼睛能看到的，它们都属于视觉符号。所谓"传达"，是指信息发送者利用符号向接收者传递信息的过程，它可以是个体内的传达，也可能是个体之间的传达，如所有的生物之间、人与自然、人与环境以及人体内的信息传达等。它包括"谁""把什么""向谁传达""效果、影响如何"这四个程序。视觉设计的概念是由"视觉传达设计"演变而来，视觉传达既传达给视觉观众也传达给设计者本人，因此深入的视觉传达研究已经关注到视觉的方方面面感受，称其为视觉设计更加贴切。

为了更好地让读者理解这个概念，举例如图 6-1，通过眼睛看到事物或图形或颜色，大脑对其进行了解读，从视觉语言转换成了信息语言，而视觉信息设计就是为大众更好理解而服务，就像与此同时用图形传达所要表达信息。

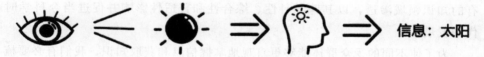

图 6-1 视觉设计

6.1.2 视觉信息设计的提出

有人推断，视觉设计最终将演化为视觉信息设计。这一概念最早是由英国的信息协会提出并推广的，他们的依据是：①人所获得的信息约 90% 来自视觉；②从知识爆炸到信息爆炸的现代文明进程观；③优秀媒体和新媒体无一不是对视听渠道的整合结果；④高科技时代的嗅觉、味觉和知觉需要或者已经在充分发掘。但事实上，在这个概念提出之前，信息设计早已以多种不同的名称出现于诸多的领域内，比如在报刊领域，被称为信息图形；在科学领域，被称为人们所熟知的科学可视化；在商业领域，被称为表达图形或商业图形；在计算机领域，被称为界面设计；在会议设备上，被称为图表记录；在建筑领域，被称为标记或路径指示；在图形设计上，被称为设计。

信息化是人类社会活动的一大变革，其技术基础就是对信息的处理、储存及传递方式的改变，信息设计就是在这样一个时代背景之下提出来的，并且日益受到重视，信息设计就是一种全新的、跨时代的、大跨越的设计理念，是一种跨越国界、民族和各种语言的视觉传达设计。其最明显的特征就是通过具有准确性、易懂性、数据化的图解，作为信息交流和传达的桥梁。

6.1.3　视觉信息设计的价值

视觉信息设计中，视觉需要传递准确的信息，视觉应包含一定的信息量，视觉效果来源于匹配程度，视觉与信息的唯一匹配性（这是视觉传达的最高境界）。可以说信息设计涉及人类社会的方方面面，比如政治、经济、文化、军事、生态、管理等。当代的信息设计学具有跨学科性与综合性的突出特点，其对于哲学认识论、自然科学和社会科学理论、教育学、美学、行为科学具有重要意义。可见信息设计学的规模庞大，产生广泛深远的影响，从而极大地催动新学科、新科技的诞生。随着大数据化时代的到来，视觉信息化会逐渐变得成熟。信息设计也确实在当今信息化社会的大背景下所提出来并被日益受重视。信息设计系统科学思想正以空前的广度和深度向几乎所有的知识领域渗透，以其跨学科性、综合性和普适性影响并促进当今科学时代的发展。

为了使不同的受众群体能够更直观地掌握信息和获取知识，我们有必要梳理编辑及运用相关数据和实例来进行视觉信息设计。通过各种视觉设计的表达方式，形成视觉信息设计。信息设计更多是指一种思想和理念，是对信息清晰有效的表示，是一种视觉语言传达方式，视觉信息图表在"坐标"概念上，将信息形象化、时空层次化、信息秩序化，通过图像、文字、符号、色彩等视觉元素的综合运用来处理一些单靠文本或数据很难解释的信息间的相互关系，并试图通过视觉语言提高信息传达的感染力、丰富性及交流的效率。在视觉信息中，需要融合逻辑学、信息学、哲学、人类学、心理学、社会学、生物学、传播学、几何学和信息科学的方法。

信息设计的价值是人类的主观愿望、需求和意识的产物。视觉信息设计价值体系是行为、信念、理想与规范的准则体系，是社会性的主观规范体系。信息设计中的价值是以价值为标准对现实中的各种现象和问题进行把握，对发展目标和行动方案进行评价和选择，最终体现实际应用价值。所以信息设计并不是主观判断所得出的结论，也不是纯粹的客观观点，而是把主观与客观结合在一起的具有理论性和实践性的视觉信息设计。

总而言之，视觉信息设计就是一个搜索、过滤、整理，通过视觉通感化的图形等多种表达方式表达信息的过程，所以相比较传统的设计理念，视觉信息设计更注重用户交流互动，使其更快速了解信息内容。一个好的信息设计应该有其真正存在的价值，能为人类产生社会价值、个人价值等。

6.2 适老化设计的概念

适老化设计是指在住宅中，或在商场、医院、学校等公共建筑中充分考虑到老年人的身体功能及行动特点做出相应的设计，包括实现无障碍设计，引入急救系统等，以满足已经进入老年生活或以后将进入老年生活的人群的生活及出行需求。任何人在一生中都有身体不方便的时候，这是每个人生命中的一种必经状态，包括残障者、老年人、孕妇和小孩。人之所以在现在的物质环境中产生障碍，是因为现代的物质环境是为标准的人体尺寸设计，为了达到无障碍，就需要设计师为他们设计出符合他们身体尺寸合适的工、器具或室内外环境。即坚持"以老年人为本"的设计理念，设计师从老年人的视角出发，切实去感受老年人的不同需求，从而设计出适应老年人生理以及心理需求的建筑、室内空间环境或产品。目的是最大限度地去帮助这些随着年龄增长出现身体功能衰退，甚至是功能障碍的老年人，为他们的日常生活和出行提供尽可能地方便。满足进入老年生活或以后将进入老年生活的人群的生活和出行需求，尽可能人性化地满足该人群的需求。

目前比较重点的适老化设计，是以老年人的行为为描述线索，对比大多数的以空间布局来呈现适老化设计的方式，以老年人的行为为线索有五大优势：① "行为"是以老年人为本、从根源着手，而"空间"通常是站在策划者或者设计师的角度；②概括性强；③行为自身具有连贯性；④行为的描述形式使人更易理解；⑤行为本身具有更多可能性，而且可以更细腻。

对于适老化设计，首先要符合国家规范，其次要顺应时代发展。同时随着"医养结合""智慧养老"等新业态的发展，适老化设计也要紧跟时代的进步。这是一个全社会的问题，全社会担负着保障老年人参与社会活动的义务，适老化设计不仅有益于老年人，更有益于全社会，需要得到社会各界的重视与支持。

总的来看，适老化设计要考虑以下三个方面：①建筑的适老化设计；②环境的适老化设计；③智慧养老的适老化设计。养老社区的设计，在物业形态的配比上，有纯正的对老年人的护理程度较高的老年公寓，也有护理程度略低的老年人住宅，还有与子女合住的户型，包括全龄社区。在设计上根据物业形态的不同侧重点更有针对性。除此以外还有适度性，现在很多养老项目是由社会资本在运作，必须考虑自身的盈利和使用者的价格承受能力。我们在设计时采取局部突破和重点优化，将钱花在刀刃上，不能完全照搬外国的经验，也不能对规范僵化理解。

6.3 视觉信息设计中适老化设计调研分析

本文将老年人对产品包装等视觉信息设计方面的具体心理状况作为研究对象，需要对多数老年人使用情况和人性化程度进行宏观把握和量化分析。因此需要在视觉信息设计理论的基础上，借助心理学、统计学以及多种研究方法，采取一定的措施排除干扰因素进行具体研究。

6.3.1 问卷调查法

问卷调查法是采用书面形式间接搜集研究材料的一种调查手段。通过向调查者发出简明扼要的征询表，请其填写对有关问题的意见和建议来间接获得材料和信息的一种方法。问卷调查采取自填式调查和代填式问卷调查。本书主要采用问卷调查法和用户访谈。

（1）调研设计 笔者设计了"适老化产品药品包装需求和评价调研问卷"，考虑到调查对象为年龄较大人群，问卷问题内容设置比较浅白，数量不多，经过数月的数据收集，对采集到的这些问卷进行统计，可以对老人的家庭基本情况、居住情况、学历及生活水平状况、情绪与心理状况以及使用产品药品时的典型问题进行分析。

（2）调查目的 ①了解老年人生活习惯；②情感分析和心理特征；③审美和色彩性格；④对产品包装评价、需求、缺点，比如药品、生活用品、保健品等。

（3）调查结果分析

① 基本状况 在此次调查中采用线上调查和线下调查同时进行，有 67.7％的数据属于浙江省范围内的老人，还有 32.3％属于全国各地范围内的老年人群。在调查对象中，有 44％的调查对象年龄介于 50～59 岁之间，有 29％的调查对象年龄介于 60～69 岁之间，有 22％的调查对象年龄介于 70～79 岁之间，有 5％的调查对象年龄在 80 岁以上，其中 50～59 岁的调查者虽然并不属于我们定义的老年人年龄范围，但是这一类人群即将踏入老年阶段，即将成为新时代的老年人，因此这些人的数据对适老化发展有着非常重要的作用。从性别来看，调查者中女性相对较多，比例为 74％，男性样本比例为 26％。调查老人中有 44.07％学历为初中及以下，有 30.51％的老年人为中专/高中文化，有 22.03％的老年人为大专/本科文化，有 3.39％的老人为研究生文化以上（如图 6-2）。

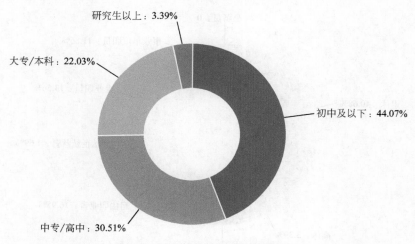

研究生以上：3.39%

大专/本科：22.03%

初中及以下：44.07%

中专/高中：30.51%

图 6-2　调查对象文化学历情况分布

调查对象月收入情况与职业身份如图 6-3、图 6-4 所示。从调查老年人月收入水平分布来看，大部分老年人月收入在 3501～5000 元，比例是 33.9%；22.03% 的老年人月收入在 2000 元以下；16.95% 的老年人月收入在 5001～8000 元之间；15.25% 的老年人月收入在 2001～3500 之间，只有 11.86% 的老人月收入在 8001 元以上。从老年人的工作职业情况来说，退休或不再继续工作的老年人占 55.93%，还在继续工作的比如事业单位职员、企业职员、私企私营者和自由职业者占到 44.07%

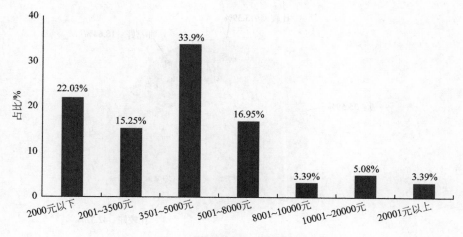

图 6-3　调查对象月收入情况

103

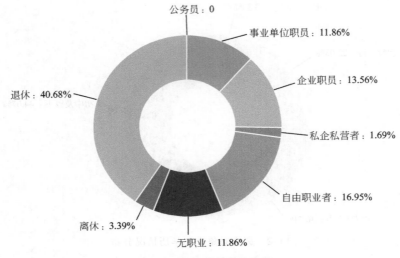

图 6-4　调查对象职业身份

据调查，如图 6-5，有 42.37％的老年人认为自己的身体状况比较好；35.59％的老年人认为自己的身体状况一般，存在一些疾病问题，有需要服用药品的情况；18.64％的老年人认为自己的身体状况非常好，不需要吃药，无太大具有影响的疾病存在，但仍有一些小问题存在；3.39％的老年人认为自己的身体比较差，身体功能出现较大问题，有较严重疾病存在，需要常年服药维持甚至去医院。

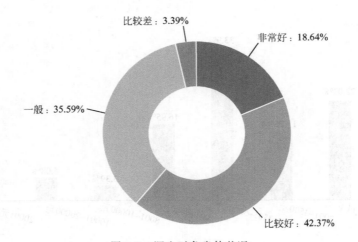

图 6-5　调查对象身体状况

② 生活状况　调查者对其生活现状问题的回答，是对老年人的生活状况、婚姻状况、家庭情况直观反映。

如图 6-6，全部老年人中，有 16.95％的老年人与子女同住，44.07％的老年人与配偶、子女同住，但是有 38.98％的老年人是独居或只和配偶居住，从心理层面来说，他们是否存在孤独、无依无靠的情况，可能出现在他们遇到困难的时候，如摔倒导致行动不便，因疾病突然病倒，生活无法自理的情况，出现没有人照顾的问题。

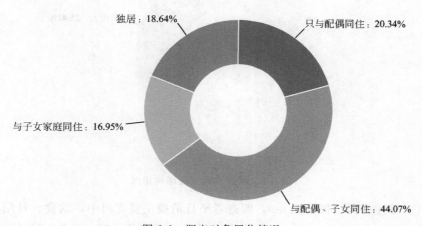

独居：18.64%

只与配偶同住：20.34%

与子女家庭同住：16.95%

与配偶、子女同住：44.07%

图 6-6　调查对象居住情况

据调查，如图 6-7，有 76.27％的老年人处于已婚状态，10.17％的老年人处于丧偶阶段，6.78％的老年人为离异，6.78％的老年人为未婚。

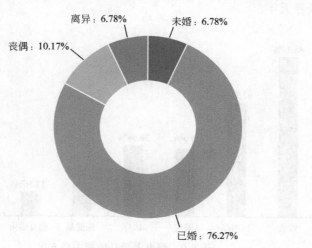

离异：6.78%

未婚：6.78%

丧偶：10.17%

已婚：76.27%

图 6-7　调查对象婚姻状况

根据调查对象的家庭结构情况显示，如图 6-8，有 47.46％的老年人家庭为三代人，25.42％的老年人家庭为两代人，20.34％的老年人家庭为四世同堂，6.78％的老年人家庭只有夫妻二人。可以看出大部分家庭都有子女，在进入老年阶段后，会有子女照顾或帮助。

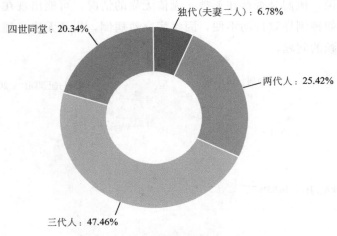

四世同堂：20.34%

独代(夫妻二人)：6.78%

两代人：25.42%

三代人：47.46%

图 6-8　调查对象家庭结构情况

③ 习性分析　根据图 6-9，调查者平日消费主要支出中，饮食、日用品和医疗是消费最多的三大类，服装为第四类相对较多的选项，为 37.29％，其次就是保健品、旅游。除去日常消费之外，老年人在医疗方面消费较多，说明他们很注重身体健康，把身体是否良好放在第一位，身体健康才能有效延长自身寿命，颐养天年。

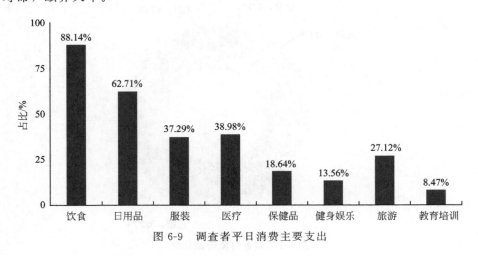

图 6-9　调查者平日消费主要支出

根据图 6-10，可看出平日文化娱乐项目中有 64.41% 的老年人喜欢逛街逛公园，由于身体功能渐渐变弱，相对于激烈运动，他们更喜欢逛街逛公园这种简单的身体运动，同时他们也喜欢听戏看电视、社区活动和外出旅游，以惬意平静的活动为主，在心理上起到一定的舒缓作用，增强多巴胺分泌，人遇到高兴的事而心情愉悦时，大脑内神经调节物质乙酰胆碱分泌增多，血液通畅，皮下血管扩张，血流通向皮肤，使人容光焕发，给人一种精神抖擞、神采奕奕、充满自信的感觉，对身体健康起到良好的作用。

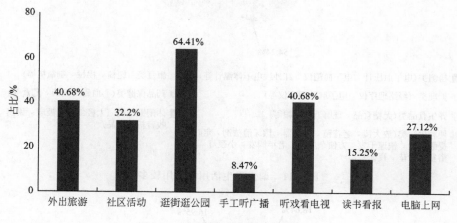

图 6-10　调查者平日文化娱乐项目

④ 偏好分析　根据图 6-11，老年人对自我健康比较重视，使用最多的生活用品是养生食品类，占比 54.24%，老年人使用的便利生活类产品也较多，占比 38.98%，药品保健类和检测类是第三多的类型，占比都是 35.59%。

根据图 6-12，对调查者进行了产品包装上建议指出，有 55.93% 的老年人认为产品包装存在"字体太杂乱，看不清楚内容"的缺点，有 54.24% 的老年人认为其存在"形式相似，无法区分不同的药品"的缺点，对于老年人来说并不太适合使用，甚至出现识别障碍的情况。说明我们的产品包装对老年人来说存在一定问题，如何平衡产品包装与识别功能是我们仍需要努力改进的地方。

对调查者对颜色偏好情况显示，如图 6-13，占比 49.15% 的老年人喜欢红色，占比 45.76% 的老年人喜欢蓝色，占比 32.2% 的老年人喜欢黑色，占比 30.51% 的老年人喜欢白色。大部分老年人最喜欢的三大类颜色分别为红色、蓝色和黑色。

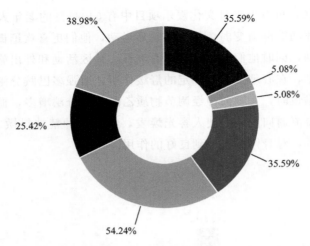

38.98%　　35.59%

5.08%

5.08%

25.42%

35.59%

54.24%

■ 检测类(电子血压计、电子血糖仪、红外线电子体温计等)　　■ 康复类（轮椅、拐杖、制氧机等）

■ 护理类（经络理疗仪、电子脉冲理疗仪等）　　■ 药品保健类(心血管疾病药、药盒等)

■ 养生食品类(无糖食品、现磨五谷杂粮等)　　■ 休闲锻炼类（太极剑、太极扇、象棋、收音机等产品）

■ 便利生活类(放大镜、老花镜、穿针器、假牙清洁剂、定时提醒药盒、快速干发、方便杂用品、老年假发、小夜灯、浴室防滑垫、夜壶)

图 6-11　调查者生活用品使用较多

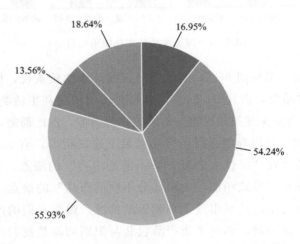

18.64%　　16.95%

13.56%

54.24%

55.93%

■ 颜色单调　　■ 形状相似，无法区分不同的药品　　■ 字体太杂乱，看不清楚内容

■ 使用不方便　　■ 没有缺点

图 6-12　调查者对药品包装设计的障碍问题

（4）调查问卷

1.性别：

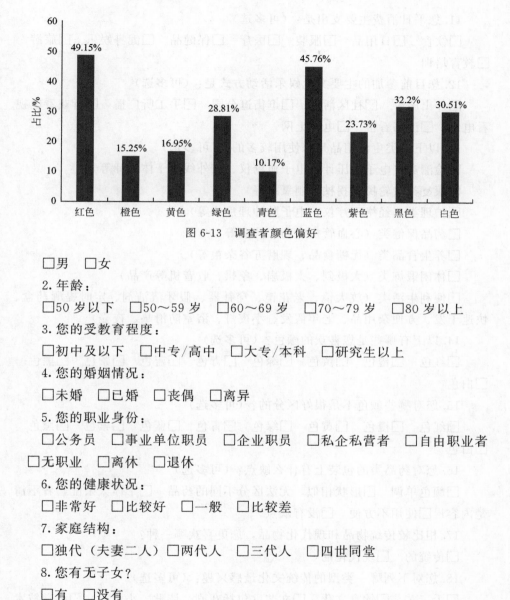

图 6-13　调查者颜色偏好

□男　□女

2.年龄：

□50 岁以下　□50～59 岁　□60～69 岁　□70～79 岁　□80 岁以上

3.您的受教育程度：

□初中及以下　□中专/高中　□大专/本科　□研究生以上

4.您的婚姻情况：

□未婚　□已婚　□丧偶　□离异

5.您的职业身份：

□公务员　□事业单位职员　□企业职员　□私企私营者　□自由职业者
□无职业　□离休　□退休

6.您的健康状况：

□非常好　□比较好　□一般　□比较差

7.家庭结构：

□独代（夫妻二人）□两代人　□三代人　□四世同堂

8.您有无子女？

□有　□没有

9.您居住的方式：

□只与配偶同住　□与配偶、子女同住　□与子女家庭同住　□独居

10.您目前的月收入范围：

□2000 元以下　□2001～3500 元　□3501～5000 元　□5001～8000 元
□8001～10000 元　□10001～20000 元　□20001 元以上

11. 您平日消费主要支出是：（可多选）

□饮食 □日用品 □服装 □医疗 □保健品 □健身娱乐 □旅游
□教育培训

12. 您目前参加的主要文化娱乐活动方式是：（可多选）

□外出旅游 □社区活动 □逛街逛公园 □手工听广播 □听戏看电视
看电影 □读书看报 □电脑上网

13. 以下哪类生活用品是您使用较多的：（可多选）

□检测类（电子血压计、电子血糖仪、红外线电子体温计等）

□康复类（轮椅、拐杖、制氧机等）

□护理类（经络理疗仪、电子脉冲理疗仪等）

□药品保健类（心血管疾病药、药盒等）

□养生食品类（无糖食品、现磨五谷杂粮等）

□休闲锻炼类（太极剑、太极扇、象棋、收音机等产品）

□便利生活类（放大镜、老花镜、穿针器、假牙清洁剂、定时提醒药盒、
快速干发、方便杂用品、老年假发、小夜灯、浴室防滑垫、夜壶）

14. 以下有哪些是您喜欢的颜色？（可多选）

□红色 □橙色 □黄色 □绿色 □青色 □蓝色 □紫色 □黑色
□白色

15. 您对哪些颜色不是很好区分的？（可多选）

□红色 □橙色 □黄色 □绿色 □青色 □蓝色 □紫色 □黑色
□白色

16. 您对药品类的包装上有什么缺点？（可多选）

□颜色单调 □形状相似，无法区分不同的药品 □字体太杂乱，看不清
楚内容 □使用不方便 □没有缺点

17. 相比较传统物品和现代化物品，您更喜欢哪一种？
□传统的 □现代化的

18. 您对下列哪一类型的传统文化最感兴趣：（可多选）
□手工艺 □饮食文化 □文艺（包括戏剧、诗歌、小说等）□科学技术
（包括天文地理等各方面的知识）□民族特色

19. 您支持对传统文化进行传承与保护的运动吗？
□支持并且愿意参加 □支持但不愿参加 □无所谓 □不是很赞同

20. 您能想到哪些传统文化或传统物品

21. 对产品包装的其他意见

6.3.2　用户访谈及测试

通过访谈所获得的内容，可以被筛选、组织起来形成强有力的数据。访谈称得上是所有研究方法的基础，用提问交流的方式，了解老年人对产品等的视觉信息设计体验过程遇到的问题。访谈内容包括产品的使用过程、使用感受、品牌印象、个体经历等。观察往往不能更深入了解大众内心需求，通过访谈则可以充分展现老年人的感受和思想感受。本节对受访者进行了解、筛选，最终邀请了三位相对应展现社会不同阶层的受访对象。

访谈目的：①了解老年人生活习惯；②情感分析和心理特征；③审美和色彩性格；④对产品包装评价、需求、缺点，比如药品、生活产品。

（1）老年人心理情况访谈　访谈对象基本情况（见表6-1）。

表6-1　访谈对象基本情况

受访对象	年龄/岁	职业	月收入情况/元	学历	居住情况	健康情况	婚姻状况
A	63	退休	3500	初中	独居	良好	丧偶
B	49	企业职员	5000	初中	与配偶同住	一般	已婚
C	55	教授	8000	博士	与子女同住	良好	已婚

记录纸

题目	回答A	回答B	回答C
1.平日主要消费是什么？	饮食、医疗	饮食、日用品	饮食、服装、日用品、旅游
2.平时文化娱乐活动是什么？	逛公园，在家看电视	电脑上网，外出旅游	外出旅游、读书看报、上网
3.喜欢什么颜色？	红色	蓝色	—
4.对药品类包装颜色有什么评价？	无	颜色简单了些	有些简单
5.认为药品类的包装上有什么缺点？	字杂乱，看不清楚内容	形状相似，无法区分不同药品	颜色单调，其他还好
6.平时会使用以下生活用品中的哪些(放大镜、老花镜、穿针器、假牙清洁剂、定时提醒药盒、快速干发、方便杂用品、老年假发、小夜灯、浴室防滑垫、夜壶等)？	放大镜、老花镜、夜灯、夜壶、防滑垫、定时提醒药盒	防滑垫、夜灯	方便杂用品、夜灯
7.对红色包装药品盒信息识别情况	不清楚是什么	清楚	清楚
8.对白色包装药品盒信息识别情况	看不清	清楚	清楚

（2）老年人心理测试 现有研究中总结的不同色彩对老人心理影响（见表 6-2）。

表 6-2 色彩对心理的影响

色彩特点	颜色	心理影响				生理影响
色相	绿色	清新	舒缓	健康	活力	增进食欲
	紫色	庄重	高贵	典雅	幽静	促进淋巴细胞代谢，缓解心脏压力
	黄色	高贵	明亮	兴奋	喜悦	加速心跳，对神经有刺激作用
	蓝色	冷淡	冷静	理智	深沉	缓解紧张情绪，调节体内平衡
明度	高明度	明亮	活力	清新	清淡	加速心跳，消除抑郁，兴奋神经
	低明度	庄重	沉稳	理智	深沉	降低视疲劳，舒缓紧张的神经
纯度	高纯度	活泼	高贵	兴奋	活力	刺激神经，加速心跳，促进体液分泌
	低纯度	深沉	稳定	舒缓	沉闷	缓解心脏压力，降低视疲劳

结合不同色彩和不同照度情况下的心理状况进行分析，并根据测量结果，对适老化视觉信息设计进行探索和研究。为老年人提供具有合适明度和纯度的色彩环境，会使老年人产生舒缓的情绪，心情平静、稳定，因此在老年人的视觉信息设计中，需要对色彩的明度和纯度进行合理的选择。

（3）老人识别性和学习能力测试 通过对 20 位老年人信息反应速度的测试可以发现，老年人在接收到与年轻人相同的信号后完成动作所需时长，比年轻人长 134％。并且老年人对信息的读出时长也明显长于年轻人，不过将测试图案变为文字形式的情况下重新测试，老年人读出时长与年轻人差不多。这表明老年人的晶态智力保持良好，信息传达的明确性直接影响老年人的信息处理时间。对于图像识别，老年人的反映时长与年轻人对比平均下降 74.6％，文字识别下降 24.9％，声音识别下降更为明显。

抖音是年轻人日常经常使用的软件，老年人也可以使用抖音在生活中发挥一定调剂作用。我们对 30 位老年人学习使用抖音软件的调查，统计发现，26 位老年人能够在第二天使用，这证明大部分老年人乐于并且愿意接受新鲜事物，调查中 87％的老年人都已经学会使用抖音，一周后发现 18 位老年人基本上每天都会刷抖音，一个月后上升为 19 人，占总人数的 63％，占学会使用软件人数的 73％。这一统计结果表明，类似抖音软件可以成为老年人日常生活娱乐的新媒介，大多数老年人乐于接受抖音这一新鲜事物。不过抖音主要传播方式是视频，大部分老人反映对文字输入有困难或看不清手机屏幕字体。30位老人有19位老人学会使用抖音的平均时长为30小时，是年轻人的8倍以上。

老年人学习使用抖音情况调查

测试对象：本测试对象为30位老年人，男女各15名，平均年龄65岁。

测试设计：教老年人如何使用抖音。在确认老年人掌握抖音使用后，通过观察老年人使用抖音情况进行调查。

测试目的：观察老年人接受新鲜事物的意愿和能力，并了解老年人在学习过程中遇到的问题。

测试数据：如图6-14所示。

测试结果：抖音可以成为老年人娱乐的新媒介，另外大多数老年人乐于接受抖音这一新鲜事物，不过大多数老人反映文字输入有些困难，看不清屏幕。

备注："1"表示使用，"0"表示不使用。

图6-14 抖音使用率

（4）老年人置物习惯性测试

测试对象：本测试对象为20位老年人，男女各10名，年龄最小62岁，最大75岁。

测试设计：首先通过视频监控设备记录老年人日常服用药品的全过程，记录水杯、开水、药品位置，记录完成全过程的时间。然后在同一房间内更换物品位置，保持物品间原有距离不变，记录完成全过程的时间。在规定时间一倍以上未完成任务为寻物失败。

测试目的：通过前后两次完成这一过程的时间长度对比，证实老人置物存在习惯性。

测试数据：如图6-15所示。

测试结果：寻物时间增长91.2%，成功率下降10%。

（5）老年人操作顺序性测试

测试对象：本测试对象为20位老年人，男女各10名，年龄最小62岁，最大75岁。

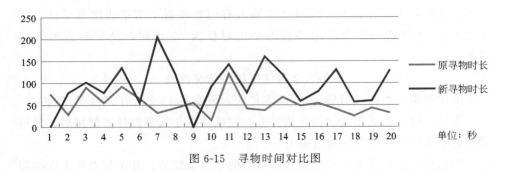

图 6-15　寻物时间对比图

测试设计：首先通过视频监控设备记录老年人出门买菜全过程，包括拿购物袋（车）、拿钱（卡）、拿钥匙、锁门，记录完成全过程的时间。然后强行指定老年人先拿钥匙再进行其他操作，保持物品位置不变，记录完成全过程的时间。在规定时间一倍以上未完成任务为失败。

测试目的：通过前后两次完成这一过程的时间长度对比，证实老年人操作顺序的重要性。

测试数据：如下图 6-16 所示。

测试结果：寻物时间增长 25.9％，成功率下降 25％。通过观察发现，即便老年人原有规律中存在往复路线，但这并不影响老年人的操作顺序。

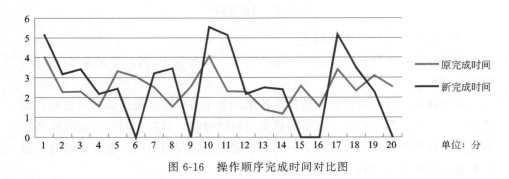

图 6-16　操作顺序完成时间对比图

（6）老年人居家活动信息反应速度测试

测试对象：本测试对象为 20 位老年人，男女各 10 名，平均年龄 65 岁。

测试设计：事先准备两块题板，一块为图案，分别绘制人体坐姿、站姿；另一块将图案用文字表示。让老年人按照题板指令做动作。观察老年人看到不同题板后完成动作的时间。

测试目的：观察老年人信息识别速度和运动反应速度，并结算平均时长与年轻人数据对比。

测试数据：如下图 6-17 所示。

测试结果：老年人图案平均时长 49.4 秒，文字平均时长 21.6 秒，老年人行动敏捷度和信息反应速度都有明显衰退。

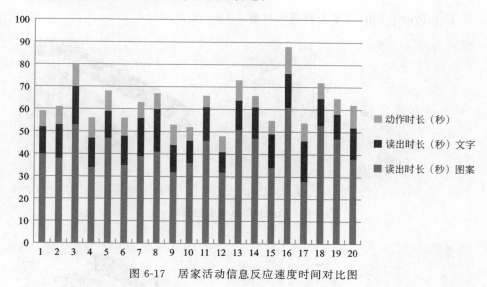

图 6-17　居家活动信息反应速度时间对比图

6.4　调研结论

对调查者进行产品包装建议指出，有 55.93％的老年人认为产品包装存在"字体太杂乱，看不清楚内容"的缺点，有 54.24％的老年人认为其存在"形式相似，无法区分"的缺点，对于老年人来说并不太适合使用，甚至出现识别障碍的情况。所以在视觉信息设计中对适老化的要求需要注意。

结合不同色彩和不同照度情况下的心理状况进行分析，并根据测量结果，对适老化视觉信息设计进行探索和研究。为老年人提供具有合适明度和纯度的色彩环境，会使老年人产生舒缓的情绪，心情平静、稳定，因此在老年人的视觉信息设计中，需要对色彩的明度和纯度进行合理的选择。

老年人分析解决问题能力没有下降，老年人对新鲜事物接受能力还是很好的，只是学习和完成时间增长，读取信息会更加困难，这样会让老年人认为自己老了，学不会东西导致不愿意做，不愿意接受新鲜事物，通过增加信息的准确性和识别性，不计较学习时间，老年人可以和年轻人一样达到同样的使用效果，从而增加老年人的自信心。

6.5 适老化信息设计案例分析

（1）Pretty Pills（漂亮的药丸）（图 6-18～图 6-20）

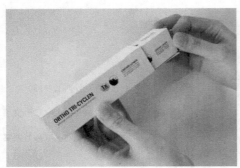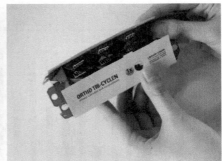

图 6-18　Pretty Pills 概念包装（一）

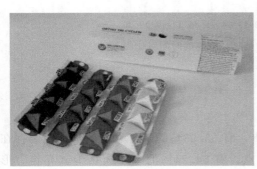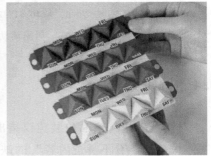

图 6-19　Pretty Pills 概念包装（二）

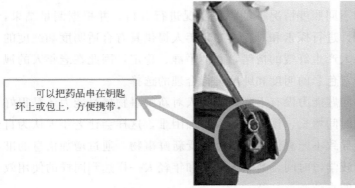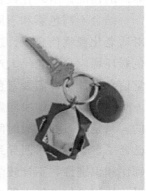

可以把药品串在钥匙环上或包上，方便携带。

图 6-20　Pretty Pills 概念包装（三）

设计师：Clara Lam、Tae McCash

作为平均日用药量最高的群体，65 岁及以上的老年人也面临着诸如看不清标签或是难以打开包装等困扰。在华盛顿大学就读的 Clara Lam 和 Tae Mc-Cash 为此设计了这套名为 Pretty Pills 的概念包装，通过更醒目的日期标签信息提醒患者用药进度。

从造型上摆脱了往常的药品包装设计，运用几何立体式分装药品每次用量，十分新颖。颜色上采用鲜艳的红色系，是中老年人较喜欢且分辨率较高的颜色。服药时，只要轻轻抽出日期标签就能解开单独的小药盒直接取用，减轻了老年人的负担。

（2）Cerebrum（大脑）（图 6-21～图 6-23）

图 6-21　Cerebrum（大脑）的概念药物（一）

图 6-22　Cerebrum（大脑）的概念药物（二）

设计师：Bella Huang（黄贝拉）

对于阿兹海默症患者或是身患残疾、拥有视觉障碍的人来说，要记住自己的日常用药并不是件轻松的事。旧金山平面设计师 Bella Huang 为此带来了这款名为 Cerebrum（大脑）的概念药物。

通过在药瓶上添加不同几何图形的可拆卸拼图，并且通过形状图形信息去

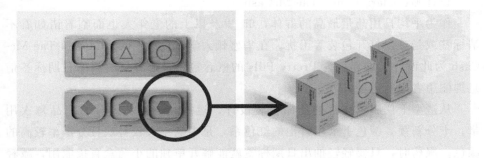

图 6-23　Cerebrum（大脑）的概念药物（三）

区分相对应的药物。它们不仅成了整套识别系统的一部分，同时可以配合木制的游戏底座，帮助患者锻炼对空间的思考能力以及动手能力。缺点在于记忆力薄弱的患者会忘记甚至分不清不同形状代表了什么类型的药品，那么在使用上就出现了障碍。

（3）自动过期的医药包装材料（图 6-24）

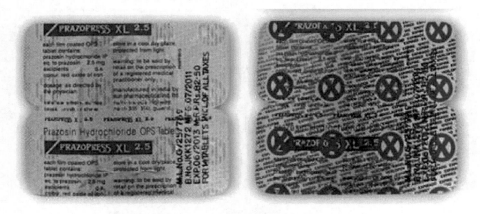

图 6-24　自动过期的医药包装材料图

设计师：Kanupriya Goel（卡努普里亚·戈尔）、Gautam Goel（高塔姆·歌尔）

Kanupriya Goel 和 Gautam Goel 设计了一款可以自动过期的医药包装材料，经过一段固定的时间之后，这种材料的表面会出现"不宜销售"的过期提醒标志。大多中老年人会因为药片板上的文字字体过小看不清，而无法判断该药品是否过期，运用该包装材料可以清晰直观以图形信息的方式看到该药品是否过期，减少甚至可以避免误食情况的发生。

（4）Pill Clok 药片钟

来自英国设计团队 Joseph 的一款名为 Pill Clock 的品牌与产品设计，如图 6-25，让人一见倾心。这款设计将交互与产品设计很好地融合在一起。简洁清爽的造型让人身心愉悦，产品配色简约留白，使用者在使用时很容易找到自己需要的信息。

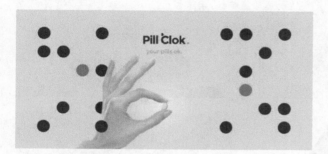
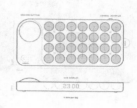

该产品特别之处在于提前使用手机 APP设定好吃药时间以及药量。

到了用药时间，该产品会在需要吃药的位置出现闪灯，这样即使在黑夜中也能轻易找到药片位置，方便服用。

比如家人需要上班等情况不能及时帮助老年人服药，可以利用该产品提前设定好，告知老年人在闪灯时服用药品，起到一定的适老化效果。

图 6-25

119

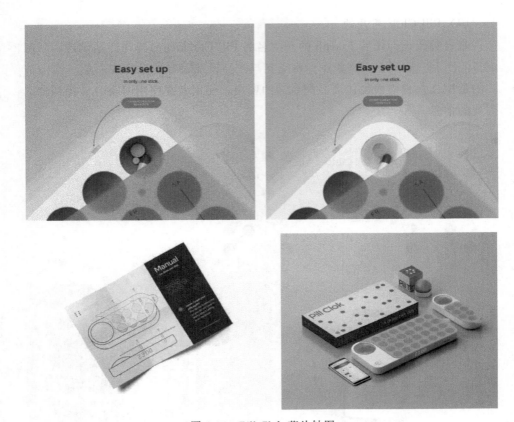

图 6-25　Pill Clok 药片钟图

（5）【兰奇形】胃康灵胶囊（图 6-26）

利用绿色来包装药品，借助色彩来改善因为疾病产生的紧张、焦虑、烦躁、悲观等不利于生理康复的心理情绪。有明显关于肠胃的图标，给那些即使文化水平不高，但依旧能通过图形了解到信息的老年人一定的方便。

（6）【四环澳康药业】系列药品包装设计（图 6-27）

这一系列的包装设计，从颜色上来看，选取自中国传统色系，视觉图形上采用了该药品的原型进行类似剪纸的拼贴。中老年人群偏爱沉稳大方的色彩搭配，在包装上色彩的使用无需多，这种简约类型的色彩让他们的内心感到更舒服，不会造成心理上的反感，再运用白色来缓和色彩的视觉冲击感，黑色的标题使得整体的重要信息展现清楚，起到清晰醒目的效果。

（7）Easy Button（简便纽扣）

设计师：Han Jisook（韩吉素）、Tang Wei-Hsiang（汤维祥）

如图 6-28，这款纽扣是专门为老年人设计，有实验表明，老年人扣纽扣

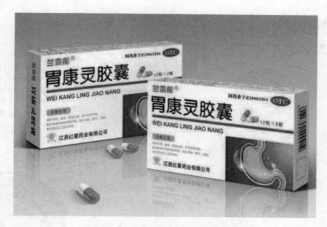

图 6-26　［兰奇彤］胃康灵胶囊包装图

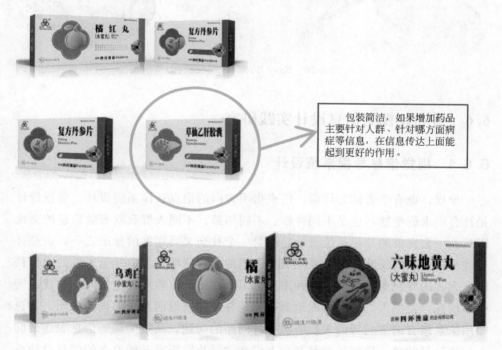

> 包装简洁，如果增加药品主要针对人群、针对哪方面病症等信息，在信息传达上面能起到更好的作用。

图 6-27　【四环澳康药业】系列药品包装设计

所用的时间是年轻人的 3～5 倍，因为指尖的触感变得迟钝麻木。这是一款获得了 2013 年红点创意概念产品设计大奖的作品。它能够帮助那些知觉和视力下降的老年人更好地扣上纽扣，从而增强他们对生活的自信和乐观的态度。巧妙的一凹一凸就能够对特殊人群起到帮助的作用，让人称赞。

121

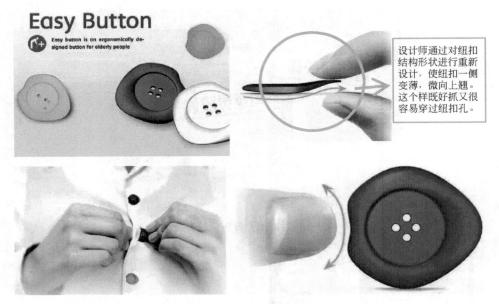

图 6-28 Easy Button（简便纽扣）

6.6 适老化视觉信息设计实践研究

6.6.1 视觉信息导视系统设计

导视，也有学者称为导向，用来指明方向的信息载体系统设计。导视设计是社会需求的产物，也是不同种族、不同年龄、不同人群获取有效信息的交流工具。一套完善的导视系统设计是衡量一个社会文明程度的标准之一，也是社会进步与繁荣的反映。导视系统引导人们的出行路线，规范社会人群的出行秩序。完善的导视系统是利用各种图形元素和方法，有效地传达方向、位置、安全等信息，帮助人们了解从此地到达彼地并且知晓返回路线的媒介系统。导视即用信息组合的方式帮助人们解决寻址问路的问题，通过明确的信息表述帮助人们到达目的地。导视系统是基于人们在"寻找"需求基础之上的信息设计系统，结合了环境与人之间的关系而建立的信息界面系统。导视系统设计是国内近 20 年新兴起并广泛应用的学科领域，它涵盖交通学、城市规划学、建筑设计学、室内设计学、环境景观设计学、视觉传达设计学、人体工程学、设计心理学、颜色心理学、社会心理学等学科，相互独立存在，同时又互相关联。

导视系统设计是在空间环境布局的认知基础上对空间规划的信息设计，使人们有效地接收信息并能自我行动。导视系统设计广泛应用于商业、文化、医疗领域，保障空间的安全性，营造建筑风格，提升空间文化和空间形象的认同感。导视设计不是简单意义上的标牌设计，它承担着整合品牌形象、美化建筑景观、保障交通安全的系统化设计。

从信息设计的角度出发，导视设计是平面设计的一个分支。因为平面设计对"标志"的研究已经比较成熟，导视设计将标志的信息用材料的形式表示出来。导视设计的图形需要平面设计师的精心编排，它集合了文字信息的优化设计，图形美感的审美设计，在以往的企业形象系统设计中有很多时候把它定义在形象设计应用部分当中，也可以看作是一个组织或机构的形象设计的一部分，所以平面设计与导视设计在作用与概念上相互联系但有所区分。

以公共交通为例，比较科学和准确的视觉导视系统体系最早产生于国际性大都市——伦敦。伦敦人口来自世界各地，人流量较大，是商业、金融和贸易的中心，城市已变成文明的神经枢纽。1863年，为了解决交通拥堵的问题，国际性非常强的伦敦建成了最早的地铁。地铁是大量运输的系统，伦敦作为一个国际性的大都会，人流量大，人口来自世界各地，国际性非常强，如何设计出一个能够为这种复杂背景服务的地铁交通体系图，是英国政府非常关心的工作。随着伦敦的地铁系统变得越来越复杂，地图设计者在试图将所有车站放进标准卡式折叠图时遇到了很大的麻烦。

1933年，英国设计家亨利·贝克开始负责该设计。亨利·贝克是伦敦交通委员会的工程师，他早在1931年就利用电子线路图知识设计出第一张地铁系统的交通图。1932年时的伦敦地铁交通图见图6-29。在1933年的设计中，亨利·贝克进一步突破了距离和空间位置的局限。事实上，地铁线路交错，换乘车站星罗棋布，要在二维的平面上表现出来，可说是一道数学难题。他通过反复推敲，设计非常简明扼要，利用鲜明的色彩标明地下铁线路，并用简单的无装饰线体字体——"New Johnston"标明站名，用圆圈标明线路交叉地点。在这张图中，最复杂的线路交错部分放在图的中心，完全不管具体的线路长短比例，只重视线路的走向、交叉和线路的不同区分，使乘客一目了然。同时，他的设计工作实现了视觉传达的目标，不同线路以色彩区分，颜色搭配和谐，极端简洁，又非常实用。一切工作以易懂、美观为原则，方向、线路、换乘车站具有非常强的视觉传达功能。鲜明的线路色彩是最醒目的部分，清清楚楚标明了不同的列车线路，任何人无需花太多时间就可以知道自己的位置和应该搭乘的线路、方向、上下车站、换车站。

他只使用了垂直的、水平的，或者是呈45°角倾斜的彩色线条，根据空间

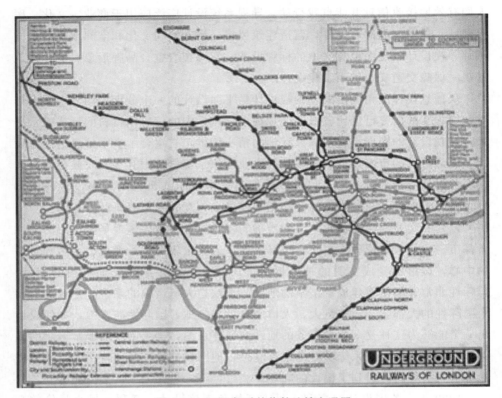

图 6-29　1932 年时的伦敦地铁交通图

的多寡来调配车站的位置，还平均分配了各个车站之间的距离。这样制成的"地图"尽管从地理概念上来讲是不准确的，但是给出了一个流畅的纵览。这张地图迅速风靡开来，而且对于伦敦人来说，这就是一张他们的都市名片。"与其说伦敦规划了这张地图，不如说这张地图规划了伦敦"，贝克的地图有着一个有趣而非刻意制作的附带细节。这张地图压缩了市郊部分的比例尺，这样郊区看上去就和伦敦中心区靠得更近了。转眼间，Watford（沃特福德，赫特福德郡城镇，被视为伦敦地区和英格兰东南部北界限的标志）到 Paddington（帕丁顿火车站）的距离看上去也不比从 Livepool Street（利物浦街）到后者的距离远多少。这张地图从某种程度上讲促使伦敦内城居民大量向外迁徙。有接近 50 万人被吸引并迁居到市郊，而在那里人们又发现自己成了当地地铁站的忠实主顾。经亨利·贝克重新设计后的地铁图见图 6-30。

　　贝克所作的这张地图堪称迄今为止最成功的视觉信息设计，它持续地为一直在扩张中的铁路网络系统提供可容纳的空间，并且影响了全球其他无数路线

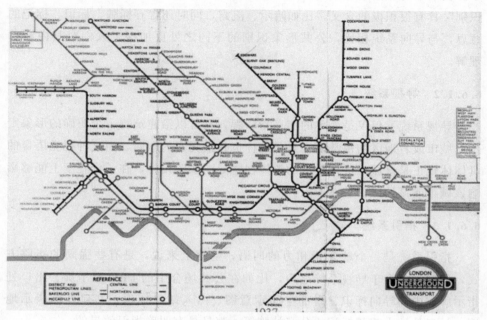

图 6-30 经亨利·贝克重新设计后的地铁图

图的设计。这一成就取决于该地图采用的两大设计策略。

首先,这张地图侧重于功能性,而不是地理意义上的准确性。乘客关注的是如何从一个站点到达另一个站点。他只需知道:乘坐哪条线路,在哪里换乘,以及前方都有哪些站点。这张地图通过使用简单的线条(确保了整齐的布局)、颜色(区分了不同的线路)、清晰的排版(使得文字更易被阅读)和符号(将普通站点和换乘中转站点区分开来)满足了这些需求。

其次,它利用了地铁系统是在地下运行的这样一个事实,因而乘客就不必被地面上的复杂地形所困扰。该地图通过去掉所有无关的细节简化了原本复杂的信息,将信息简单化,以视觉设计使得大众清晰明了路线。当地铁宣传部门发现了这一系统极其方便有用后,便在整个城市进行了推广。这一系统不久就成了一个全世界模仿的范本,亨利·贝克不断地对伦敦地铁进行修改和设计,并对图解和网状系统的视觉展示做出了重要的贡献。

6.6.1.1 公共形象识别

一个建筑物的形象可以通过图形和字体呈现出来,用文字、字母、符号对建筑物进行标注,其意义价值比只是一味罗列位置或地点的说明文字要好得

125

多。英语中的导向系统被翻译为"标志系统"（Signage System）。"公共形象识别"具有很积极的含义，比如暗示、流露，同时还含有标牌、标识、标记的意思，与导向系统相比，公共形象识别的不同之处更加深了人们对其内涵的理解。

6.6.1.2　导视系统

导视系统不仅仅是简单的信息指示牌，它可以给建筑物一个明确的形象定位，城市或者地区的视觉语言是最纯粹也是最真实的东西，而这种视觉语言的具体体现正是该城市或该地区的整体视觉导向系统设计，在一定程度上能够影响该城市或该地区的整体形象。

6.6.1.3　指引系统

指引系统是一个缺乏亲和力的词语，情感上来说，是有些强硬的指路方式，但它又包含于导视系统之中，比如在公共场合中的 LED 显示屏、出口处指示牌、内部导向标识、内部空间示意图、出入站口标识、站口外的指示地图、站口外地上建筑标识、公交站牌等，都是具有明确指引效果的。

6.6.2　适老化设计元素的建立

在导视设计的需求中弱势群体是指基于生理性造成的不能正常自理生活的人群，包括老年人、儿童以及残疾人，他们作为社会群体的一部分，在生活中对政治、经济、文化资源的需求同样不可小觑。

老龄化社会下，导视系统设计过程中对老年人的需求也不得不慎重思考。基于前期的研究基础，实践案例诠释了"圆"与"天人合一"的合璧式共生意境。比如，字体形态的可读性，字体字号的大小，导视色彩是否符合视力需求等。在公共场合内，诸如幼儿园、学校的导视系统就要重点考虑材料、尺寸、色彩等方面的需求。对身体不便的特殊群体要考虑得更多一些，例如盲文的普及、辅助设施的应用等。黄金定律"163cm 视点"可能是通过数学运算的方式，而不是通过以应用为目的得出的结论。当我们保持直立的姿势时，眼睛是一直向前看的，这时我们的眼睛会产生一个视觉区域，这个区域的中心点从地面算起大约是 163cm 处。但是我们一般不会以直立的姿势走路，当我们行走的时候，头会略向前伸，视点也就会略微向下，由此也就不能将信息放置于163cm 视点的高度，145cm 才是比较适合的安装高度。

6.6.2.1 光线

带光的指示牌在有些场合是必须的,比如机场由于环境特殊,必须采用发光的信号和指示,使得更容易被识别。将照明和导向结合起来,不仅在功能上补充导向信息,而且外形美观。在科隆伯恩机场的导向系统中,设计师使用了一种亚光的贴纸,以尽量减少反射效果,防止反光造成阅读不便,在光线弱的地方,采用吸光材料或者具有高度反光性的贴纸来制作文字。

6.6.2.2 字体

在公共场合,导视系统大多采用黑色字体,无论是英文还是中文。黑色字体简洁明了,可读性最佳。选择一款合适的字体需要考虑多方面的因素,哪款字体能够配合建筑的风格、体现公司形象。导向系统最终的目的是通过简练、清晰的视觉语言发挥其传达信息的功能,粗细一致的无饰线字体恰恰可以满足导向系统的要求。由于文字的篇幅有限,所以信息的传达需要简练而概括。一般来讲,由于大部分指示牌的外形是矩形的,因此,造型简洁、笔画概括的字体,比如无饰线字体能够与指示牌棱角分明的外形相呼应,而造型复杂、笔画多变的字体,比如饰线字体对外形工整的指示牌来说是一种干扰。

检验字体大小是否合适最简单有效的方法是将文字按原大小打印在纸上,并从实际阅读的距离观察是否合适,并且要考虑字体的易读性、字距的宽度等。

衡量一款字体是否适用于导向系统,除了字体本身所具有的造型特征之外,还要去思考这款字体适用的原因,在哪些方面有多大程度上的合适。

6.6.2.3 排版系统与网格

当一个大楼的主信息指示牌详细而清晰地呈现出所有部门、地域等相关导向信息时,字体的高度(大写字母的高度)一般在15～25mm最为恰当。因为,当人站在主信息指示牌前阅读信息时,不但离指示牌的距离很近,而且身体处于静态,所以,在这种情况下可以选择小号字体。而副信息指示牌的情况则有所不同,当人在走动的状态下阅读信息时,并不想停下脚步,而是希望在行走中便能获取信息,如果阅读的距离在2～3m,那么字体的高度(大写字母的高度)在35～45mm比较合适。当人接近目的地时,有可能会看到多个信息提示,而不必特意走近,此时阅读的距离可能在5～10m,所以文字也应该相应地使用大号字体，字体的高度（大写字母的高度）一般在 100～150mm。如果以这些数据为标准对字体大小进行系统规划，那么字体的行距也是不容忽视的，因为行距也是按照一定的比例关系而产生的。

以上所提及的文字大小并非一成不变的指导性原则，还要根据字体本身的造型来决定。通常来说，将文字按照 1∶1 的比例打印在纸上是检验字体大小是否合适的最佳方法。

模块的大小是由标志的高度来决定的，每个模块之间的距离与它到指示牌上边缘和左边缘的距离是一致的，模块中的箭头符号被缩小，由此产生了足够的空间，以便更好地在视觉上将箭头和文字信息区分开。箭头总是根据指示的方向与模块的边对齐，比如，指向左侧的箭头与模块的左上角对齐，而指示右侧的箭头与模块的右上角对齐。

6.6.2.4 色彩

适老化视觉信息设计中，色彩的把控是至关重要的。友好的色彩设计可以鼓舞观者的内心和想法。人们对于色彩的心理反应是难以量化的，每个人对色彩的偏好是具有高度特异化的。事实上，色彩偏好和色彩联想在每个人的一生中都会不断变化，对于色彩的体验和感受也与个体的文化、性格、职业、家庭以及社会地位等密切相关，任何色彩都不是绝对地存在和绝对地适合。当色彩被用来传达一个抽象概念或是代表一个信念的时候，它就是一个象征符号。有时，颜色所附带的意义会改变，甚至可以是相反的。例如，蓝色可以诠释为忠诚的同时也可以被理解为忧郁；红色可以表示亏损赤字的同时也能够表示红火福气。无论这些色彩联想的确切源头是什么，这种形式的色彩象征并不是观看色彩之后自然的心理反应，而是一种基于时间和地理的习惯性联想。例如，在西方世界，黄色代表懦弱，但在 14 世纪的日本，武士佩戴一朵黄色的菊花以象征他们的勇气。适老化的色彩设计，也不能简单地单线出发，它是一项综合的系统化工程。

从通感思维角度我们得知，当老年人的视觉、听觉、认知行为系统出现衰退变化时其心理、神志也会表现出脆弱、敏感。以老年人的视觉感知为例，色彩在老年人的视觉感知中具有优先性，色彩的视觉刺激直接影响老年人的生理和心理。不同的色彩环境和文字设计会给老年用户不同的心理体验和生理感受。在医学治疗领域运用色彩疗法已经具有多年的临床辅助治疗经验，这点已得到国内外医学专家的认证。所以色彩设计方面应注意界面色彩不宜过多，保持统一性和稳定性，宜使用红、黑、白色，对老年人心态的恢复具有积极的作用。在必需的信息分层设计时，为了区分功能模块，达到有效的信息传达，可使用不同的色彩以区分强化这些信息，使之与其他区域分开，总体上把握和谐一致、稳中求变的视觉节奏感。

6.6.2.5 房间编号

无论是大楼还是房间，房间编号都是必不可少的。一般来说，像配电室或储藏室这样的房间会采用比较简易的方法进行标记，它们通常会使用不干胶贴膜。写字楼的办公室则需要像样的门牌，这些门牌不但要具备识别功能，还要方便更换，因为办公室的员工随时可能发生变动。平面设计师为门牌设计了一套固定的字体和排版模式，以便使用者通过简单的软件就可以进行修改或更新。

6.6.3 经典案例解读

在适老化导视系统设计中，应当考虑在养老社区中，为长期居住的老年人营造一个熟悉安定而又健康积极的生活环境很重要。利用社区中随处可见的各类标识作为载体，为其增添一些有趣的元素，可以在不另外增加硬件投入的基础上，给老年人带来更多积极有益的信息刺激。同时因为所用的载体是老年人日常熟悉的，所以接收到新的信息时老年人也较少有心理负担。许多标识牌设计虽然满足了基本的指示功能，但因其样式"千牌一面"、乏善可陈（如图 6-31），往往被长期居住其中的老年人熟视无睹。所以在满足标识基本功能的基础上，充分调动各类设计元素和手法进行设计创新，使标识变得有趣又有爱。

图 6-31 公共区域的厕所标识

6.6.3.1　退休基金办公楼导视系统设计

这是一组来自日本东京设计师 Tina Stäheli 的作品，这是一项为苏黎世的一家位于 Hottingen 退休基金办公楼设计的标牌导视系统作品（如图 6-32）。通过和 Aline Dallo、Julia Kind、Kathrin Urban 等人的合作，这项项目和基金办公楼有着高度的吻合，该作品获得了 2010 年 VLOW! 大奖，现已在使用中。

图 6-32　退休基金办公楼导视系统设计

这项设计的特点是它极为简单的元素，通过框架对数字标识的分割，创造出一种与众不同的感觉。它的构成和配色如此简单。楼层标识以充满创意的组合画框来呈现，增添艺术元素可为老人带来美感刺激，有一种干净质朴又灵秀的美感，并且与建筑外观及室内装修风格高度吻合。

由于瞳孔直径变小，导致能进入眼睛光感受器的光量减少，黄色成了老年人最不容易看见的颜色。晶体状的逐渐老化会导致对蓝光的选择性吸收，老年人对于蓝色的视感会偏暗，于是会不喜欢蓝色；而黑色、白色、红色则成了最友好的颜色；中明度色彩、明暗对比大的色系对老年人是适宜的。老年人阅读浏览时最容易识别的颜色是黑色和白色的搭配，最难识别的颜色是黄白、蓝

白、黑紫等一些明暗对比偏小的色
系。因此，针对长者智慧社区导视
系统设计时需权衡利弊，尽量消除
其不利元素。

　　纤细线条不易辨，采用色块更
醒目。一些标识设计人员虽然进行
了创新，但由于未能充分考虑到老
年人视觉精细辨别能力下降等因素，
采用了不适宜的设计手法和设计元
素，造成标识信息不易被老年人识
别。例如为了显示与常规设计手法
有所差异，选用纤细而间断的点状
线组成图案，且图案与背景的色彩
对比度较小，结果这些因素增加了

图 6-33　不友好设计

老年人辨别标识内容的难度。黄图白底的配色对比不强，且图案选用点状线
条，不利于老年人辨识。如图 6-33。

6.6.3.2　日本特别养护老人中心"爱心苑"导视系统设计

　　该"爱心苑"养护中心对标识牌的选材、造型及制造工艺都比较新颖考
究，并关注了与周边环境的协调性。所以在设计时应结合标识牌的材质特点，
选择适宜的哑光表面处理；标识的图文色彩与背景色应增强对比。同时，要综
合考虑标识牌与附近环境的配合，例如照明光源的亮度、照射角度与标牌的关
系是否得当，标牌的图底配色是否与环境亮度相应，并结合环境氛围活用各类
配色。

　　设计中应尽量避开标牌的图文色彩与背景色过于接近、标牌的图底配色与
环境亮度不匹配以及标牌的材质容易产生反光等问题。因为这样的设计忽略了
老年人的视觉特点，即色彩辨识能力受环境亮度影响较大、对相近色辨别能力
下降以及对眩光不耐受等，使得标识系统的信息传达并不尽如人意，甚至给老
年人带来了不适感。如图 6-34 的不友好设计案例。

　　养护老人中心"爱心苑"的设计，规避了上述不友好设计点，充分结合了
老年朋友的生理、心理特点，整体设计易懂、易读、易接收。在设计长者智慧
社区导视系统时，客观地以老年人的思维出发，深入了解并开发老年人的潜在

图 6-34　不友好导视设计

需求和特征，通过导视系统使得老年人对环境产生安全感与舒适情绪，从而更有利于其身心发展。如图 6-35～图 6-37。

图 6-35　"爱心苑"导视系统一

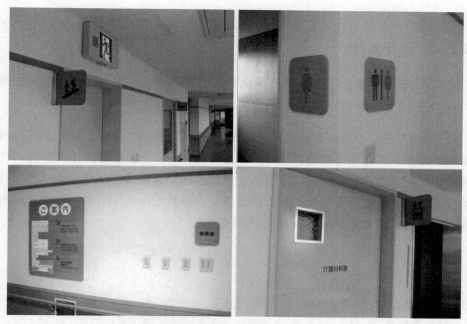

图 6-36 "爱心苑"导视系统二

图 6-37 "爱心苑"导视系统三

6.6.4 设计实践

6.6.4.1 长者智慧社区服务中心导视系统设计——以乐享·西溪杭州蒋村街道长者服务中心为例

自 2017 年始，蒋村街道携手浙江柏康养老服务有限公司，致力于打造西湖区医养护一体化综合智慧养老服务中心（图 6-38），创办全国首家学院式社区养护中心，实现居家、社区、机构三位一体的养老模式。随着老龄化进程的加快，城市养老模式和当代老人养老方式正在悄然发生改变。眼下，在蒋村街道，学院式养老越来越成为一种养老新风尚。

图 6-38 乐享·西溪杭州蒋村街道长者服务中心实景图

《庄子·逍遥游》中述"上古有大椿者，以八千岁为春，八千岁为秋"。因此后世以"椿龄"指代大椿的年岁，用"椿龄无尽"表达对长寿的祝愿。故该中心又名"椿龄荟"。

椿龄荟-蒋村长者服务中心建筑面积 4200 平方米，项目共四层，一层为居家养老照料中心、阳光厨房以及绿城独有的"颐乐学院"，面向社区长者开放。二层至四层为护理生活区，同时配有康复理疗区、日托区和较大空间的休闲配套功能区。顶层还设有屋顶花园，长者可乘坐电梯直达，晒晒太阳，呼吸新鲜空气，锻炼锻炼身体。

蒋村现有 8 家老年人日间照料中心，四家市级四星级照料中心，三家区级三星级照料中心。老人从家中出发步行 15 分钟，就能到达所在社区的老年人日间照料中心，享受日间照料中心提供的各类服务。

在空间设计中，很好地结合了中心的服务理念"乐享人生"，强调"流动、复合、记忆、参与"四个要素。设计延续了"圆"与"天人合一"的设计意境,从江南特有的风土人情中提炼元素,营造出既具文化底蕴,又含生活气息的整体格调。整个机构运用了大量的木色,搭配部分鲜艳的颜色,突出"家"的感觉,打造社区居民的"第二客厅"。

在视觉导视系统设计上,让"圆"的符号贯穿始终。在其现有空间环境下,使老年人身在其中不会出现找不到方向的情况,起到一个良好的导视作用。利用色彩、光线以及简单、好玩的图形结合江南西湖风景来装饰整个空间,利用动态的颜色来调节老人的情绪。在接待区用深蓝色的墙壁来增加可靠的感觉。而绿色则被运用到区域,以创建轻松的氛围,橙红色运用在活动区域,被用来散发出健康与能量的感觉。设计者浙江科技学院艺术设计/服装学院研究生赖宣菲,见图6-39、图6-40。

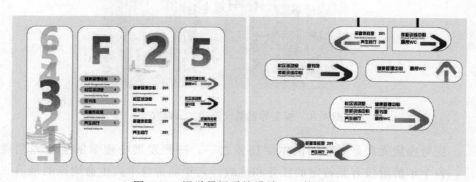

图 6-39 视觉导视系统设计一(赖宣菲)

6.6.4.2 适老化药品包装设计

老年人是慢性病的高发人群,患病风险随年龄的增长而增长。2015年第四次中国城乡老年人生活状况抽样调查显示,三成多老年人自报患有一种慢性病,五成多老年人自报患有两种及两种以上慢性病;80岁及以上老年人自报患有慢性病的比例则接近九成。据第六次全国卫生服务调查结果显示,我国65岁及以上老年人的慢性病患病率呈现逐步上升趋势。我国城市老年人最主要的慢性病是高血压、糖尿病、缺血性心脏病、脑血管病、慢性阻塞性肺疾病、类风湿关节炎等。

大部分老年人能够接受年龄增长所带来的生活变化以及健康水平的变化。随着年龄的增长和健康问题的出现,老年人逐渐接受了身体老化,习惯带病生存的状态。

图 6-40　视觉导视系统设计二（赖宣菲）

应对疾病无疑是老年期的主要任务之一。按照发展心理学的生命周期理论，各个年龄阶段有其特定的任务和挑战。老年期是整个人生命周期的最后一个阶段，这一阶段需要解决的任务有适应退休生活、重建人际关系、接受身体老化、面对疾病和死亡等。解决好上述任务，老年人会获得自我完善感；如果解决不好，就可能会出现沮丧、疑心、孤独、绝望、恐惧等困扰。老年人的主要疾病是慢性病。相比于急性传染性疾病，慢性疾病往往不会突然致死，却严重影响老年人的生活质量。一是长时间的身体不适和疼痛，二是由此带来的心理和情绪问题以及对家庭造成的负面影响。

适老化药品包装设计在前期研究的基础上进行了实践性探讨。所有设计从老年人的心理角度出发，运用了通感设计法则，运用了"阴晴圆缺"自然现象，将看似表面的包装装饰、装潢设计赋予了新的定义和内涵。包装从"心"出发，给老年消费者带来一种积极向上的心态，让长期服药的日子过得有盼头、有目标，从而开启一种"新"的生活方式。系列设计展示如图 6-41～图 6-46。

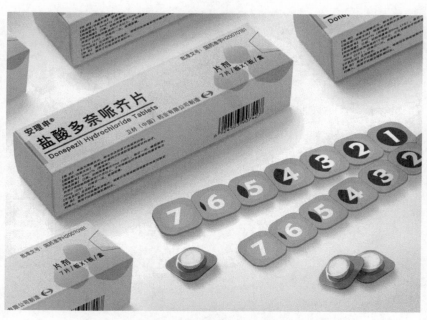

图 6-41　适老化药品包装设计一（设计者：季思源）

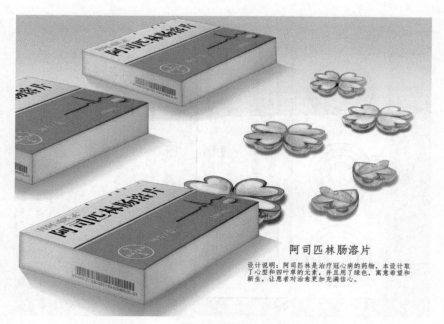

阿司匹林肠溶片

设计说明：阿司匹林是治疗冠心病的药物，本设计取
了心型和四叶草的元素，并且用了绿色，寓意希望和
新生，让患者对治愈更加充满信心。

图 6-42　适老化药品包装设计二（设计者：周玲）

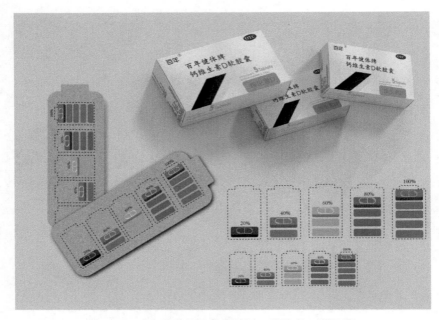

图 6-43　适老化药品包装设计三（设计者：鄢羽柔）

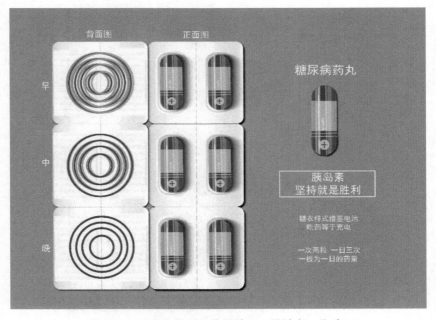

图 6-44　适老化药品包装设计四（设计者：徐晴）

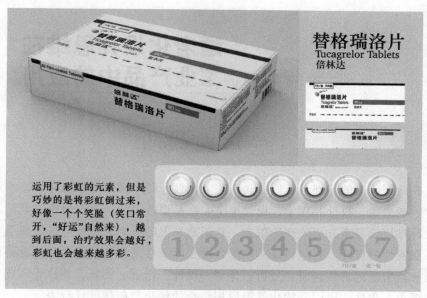

运用了彩虹的元素，但是巧妙的是将彩虹倒过来，好像一个个笑脸（笑口常开，"好运"自然来），越到后面，治疗效果会越好，彩虹也会越来越多彩。

图 6-45　适老化药品包装设计五（设计者：沈禹丹）

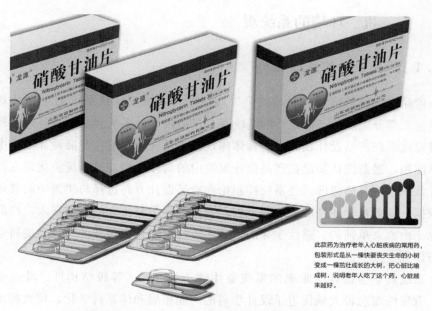

此款药为治疗老年人心脏疾病的常用药，包装形式是从一棵快要丧失生命的小树变成一棵苗壮成长的大树，把心脏比喻成树，说明老年人吃了这个药，心脏越来越好。

图 6-46　适老化药品包装设计六（设计者：吴凯）

第 **7** 章 适老化设计思维在工业产品中的应用

在前期研究的基础上我们得知，适老化设计是个庞大的系统科学，涉及社会学、老龄学、设计心理学、设计思维、产品设计美学、美学评价、设计鉴赏和设计批评论等多方面的理论融合。真正意义上的适老化设计应该区别于单纯的、偶发性的设计，它应该是一项综合性、复杂性的设计实践活动，需要在明确目标指引下的理性调研、分析、计划、设计、论证、实施、评价等环节与感性的诉求、表达、吸引、感化等手段相结合的优化与创新设计行为。

7.1 人、机、环境的系统观

7.1.1 产品设计的系统观

产品系统观的感知、产品的全生命周期、系统设计从系统的工作计划开始，这三部分组成了产品设计的系统观。产品设计的系统观是系统科学的理论与研究成果在产品设计领域中的具体体现，是系统论方法在产品设计活动中的具体应用，是系统认知论在产品设计思维中的具体影响，是系统演化论在产品设计认识中的具体拓展，是系统控制论在产品设计方向选择与决策中的具体理论依据。随着社会和经济的不断发展、当代设计学科研究的不断深入，产品设计也是由原来单纯的、感性主导的设计实践行为转化成理性的、复杂的科学分析与研究。

系统科学为设计学带来的系统整体性、关联性、等级结构性、动态平衡性、有序性观念极大地促进了设计学科的内涵拓展和体系科学化，很大程度上推动了中国传统设计能够真正地从艺术领域不断成长，逐步成长为一门具有设计学系统理论的独立学科。

产品系统边界与环境之间存在着相互依存和相互作用的辩证关系。产品自身是一个系统，而这个系统依存在具体的环境中，在与环境发生互动关系的同时，也构成了另一个更大系统的"要素"。正因为这种既依存又作用，并且共生成为更大系统要素的辩证互动关系，构成了丰富多彩的各级"系统"，最终使整个社会构建成一个统一的整体，并通过动态的变化与平衡不断推动社会向前发展。

7.1.2　产品系统设计

设计是人类有意识的创造性活动，它随着人类社会每个产业发展时代的进步，肩负的使命也在不断地提升。在基于物质设计为前提的设计活动中，现代设计经历了为产业而设计、为产品而设计、为市场而设计、为用户而设计、为可持续而设计等时期。这种提升是工业时代向服务业时代进化的结果，也是设计由物质时代向非物质时代相结合并进化的必然。设计的目的越来越丰富的同时，设计的界限逐渐模糊，面临的问题也越来越复杂。

产品系统设计首先是建立产品设计的系统观，其次是问题提出与系统目标的设定，再来是产品系统的要素分析，进而是产品系统的设计和产品系统服务设计，最后是系统验证与测试。如图7-1。

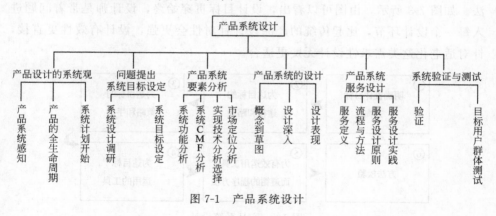

图 7-1　产品系统设计

7.1.3　传统产品设计与产品系统设计的区别

在传统的产品设计中，第一步是构想设计、确立概念。在这一阶段中我们需要完成资料收集（市场研究服务和需求研究）、现有产品研究、技术条件分析及各类资讯整合等。第二步是初步设计Ⅰ、展开构思，需要完成构思草图展开及基本设计思想（基本构成、基本功能、基本造型和基本构造）。第三步是初步设计Ⅱ、按既定目标展开设计。主要完成设计草图展开、草模制作、使用状态研究、初步色彩计划和可行性研究。第四步是实施设计Ⅰ和按既定目标展开设计。主要完成外形尺寸草案、外观效果果图和设计模型表现。第五步是实施设计Ⅱ和深化设计。主要完成设计制图、色彩计划、视觉表示、细部处理、表面处理、生产工艺研究以及可靠性分析。第六步是发布设计。主要完成设计报告书、样机（手版）及部分图纸修改。如图 7-2 所示。

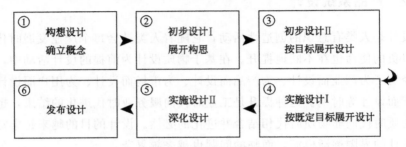

图 7-2　传统产品设计

产品系统设计一般包含明确设计目标和方向、为达目标的途径或路径、为达目标的策略手段、为达目标而运用的工具及为有效运用工具须遵循的程序方法。如图 7-3 所示，由图可以看出，设计目标贯穿始终，设计师是带着问题进入每一个设计环节，比起传统的产品设计针对性会更强，设计有效性更直接，针对适老化这类需求性设计无疑更适合。

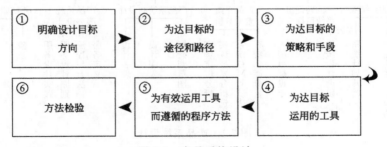

图 7-3　产品系统设计

从前期老年人的生理、心理、访谈等调研的数据中我们得知，在具体的适老化设计实践中，其设计的过程是一个相对动态的过程，设计程序会因具体情况的变化而变化。传统的产品设计方法显然不能适应老年人相关产品的设计。

产品系统设计主要有三种程序模式：①O-R-O 模式。即客体（老人）-联系（生理-心理-结构）-产出（功能）系统模式。该模式将设计集中在要素的转换关系上，比较直观、单纯、易于控制，主要运用于关系单纯而明确的产品设计过程。②串行模式。将设计过程中的各个环节视为要素，而各要素之间构成一定的先后顺序关系，这种模式被称为产品设计的串行模式。该模式以强调行为、行为之间的关系以及行为之间的顺序为特征，一般用单向的流程图表示。在串行模式下，一旦上一个环节要素不能达到预期效果，将影响下一个环节的进行，甚至影响整个设计活动的开展。③并行模式。该模式强调要素之间的网络结构关系，是对设计过程进行集成、并行的系统化设计模式。这种模式从一开始就要求考虑产品全生命周期中的各种因素。这些工作需要不同领域的专业人员的共同参与、协同工作同时又相互制约。特别强调的是，并行模式并不是设计活动的各自为政，应该是设计过程中的一种协作关系。它能将设计活动更好地融入产品系统的整个开发过程中，将设计活动的参与和作用极大程度上前推。

7.2 产品系统设计实践

7.2.1 产品系统设计调研

设计调研就是关于设计的调查和研究。设计调研的目的是更有效地指导设计活动开展和产生积极的设计结果。换言之，是为了弄清楚设计对象（老年人）想要什么，进而通过设计满足他们的需求。设计调研从三个层面展开：①为了制定设计战略规划，在战略层面制定企业发展战略蓝图而展开的调查，又称战略调查；②为了制定产品开发计划和下达设计任务，在设计管理层展开的调查，又称战役布局调查；③为了开展设计工作，探寻设计目标、形成设计概念、技术结构选型、明确功能基准、细分用户定位、确定产品的形态色彩材料、完成设计任务，以设计团队为主体开展的调查，又称为战术调查。

设计调查的信息资料搜集应遵循以下原则：①目的性，必须事先明确目的，围绕目的搜集信息；②完整性，尽可能搜集信息的各个方面内容，为分析判断提供依据；③准确性，尽量确保信息的准确，确保信息对决策判断的有效性；④适时性，尽可能获得最新信息情报；⑤计划性，为了确保情报信息的搜集做到有目的、完整、准确、适时，就必须制定周密的计划，确保搜集的内容、范围适时和可靠，从而保证情报的质量；⑥条理性，对搜集到的各种信息进行整理，系统有序，便于使用和分析信息。

设计调研的方法有很多，常用的设计调研方法有问卷调查法、访谈法、亲身体验法、观察调研法、文献资料查阅法、实验法等。在适老化产品设计调研中，用得最多的调研方法是问卷调查法、访谈法、观察法和亲身体验法。具体调研步骤如下。

第一步，明确调研目标和方法。在这个过程中，我们要对调研需求进行分析，明确产品目前所处的阶段，调研希望解决的问题及具体内容，初步确定调研将会采用的类型。调研分为定性和定量两个相对的概念。定性：用于发掘问题，理解事件现象，分析人的行为和观点，主要解决"为什么"的问题。定量：是对定性问题的验证，常用于发现行为或事件的一般规律，主要解决"是什么"的问题。

第二步，制定调研计划。在明确调研目标与方法之后，需要制定详细的调研计划，在实施过程中把控时间节点，并对结果的输出指导大致的方向。

第三步，筛选调研对象。在实际调研中，根据调研目标的不同，选择设计调研的目标也会不同。

第四步，执行调研过程。不同的调研方法在具体执行过程中会遇到不同的问题。①焦点小组（定性）。焦点小组是一种多人同时访谈的方法，6～8人为宜。聚焦在一个或一类主题上，用结构化的方式揭示目标对象的经验、感受、愿望，并努力客观地呈现其背后的理由，用于产品早期开发、重新设计或周期迭代中。善于发现对象的愿望、动机、态度、理由，利用对比观察，便于更好地探索。②卡片归纳分类法（定性）。卡片归纳分类法是以卡片为载体来帮助老人做思维显现、整理、交流的一种方法。便于整理，随时抽取，方便查找。还可以将不同时间记下的信息做比较，进行排列。常用于产品目的、受众以及特性的确定，但在开发信息架构或设计还未确定之前，这种方法处于设计的中间环节，也广泛用于创造性思维的激发方法中，比如在头脑风暴中使用。③问卷调查法（定量）。问卷调查是指调查者通过统一设计的问卷来向被调查者了解情况、征询意见的一种资料收集方法，是发现被调查者意见的最佳工具。问卷类型分为结构问卷、无结构问卷和半结构问卷。问卷调查省时、省钱、省力，不受空间限制，利于做定量的分析和研究。④可用性测试（定量）。可用性测试是一种基于试验的测试方法，6～10人为宜。在于发现人们如何执行具体任务，因此检查每个独立特性的功能点向预期用户展示的方式是发现可用性问题最快、最简单的方式。⑤问卷法和焦点小组（定性和定量）。这种组合是将定性和定量的方法结合起来，如通过定量的问卷发现人们行为中的模式，通过焦点小组对造成这些行为的原因进行研究，反过来又可以再通过问卷法来验证这个解释，如此交替的调查方式在实践中经常使用。

第五步，输出调研结果。对调查结果进行总结、整理、分析、报告。输出结果一般有定性报告和定量报告两种形式。

7.2.2　产品系统目标设定

设计师在按照自身的需求创造产品的时候，总会受到各种外部因素的引导与制约。这些因素主要包括社会因素、经济因素、科技因素、文化因素、生态环境因素等。每个因素对产品设计和产品的全生命周期的影响都是深刻的、多方面的，通过对外部因素的分析，发现产品缺口或者产品机会点的分析方法有很多，目前常用的方法是 SET 分析法，也有的学者在 SET 分析法的基础上进行了拓展和变化，比如 PEST 分析方法（是美国卡耐基梅隆设计学院教授 Jonathan Cagan 和 Craig M. Vogel 发明的一种设计分析工具）就是在原来的 S（社会）、E（经济）、T（技术）的基础上，将 P（政策）也作为一个指标加以分析研究。还有的将环境、文化、宗教等因素也纳入其中，形成了更为复杂和系统的分析方法。其实，许多因素都是相互交错的，众多的因素只是因分类的不同而划分到一定的领域，作为具体的设计实践工作者，只要将这些因素都列出来，考虑进去，至于它属于哪个范畴可以暂时放下。

7.2.3　产品系统功能分析

在产品系统中，功能是指产品系统所发挥的作用。产品系统满足使用者需求的任何一种属性都是功能的范畴，并不单指使用功能。功能是实现产品价值的手段，也是产品系统设计的核心。在产品设计中，关于功能的研究主要是功能分析，它又包括功能定义、功能整理、功能评价等环节。功能定义环节，是从对产品或系统的物质结构研究，转化为对其功能系统研究的开始。它最基本的目的是将系统设定的目标以功能表述的形式准确地表达出来，回答"是什么"和"有什么用"的问题。同时，功能定义环节也可以在产品或系统总功能定义的前提下，把产品或系统各构成要素的功能也做出定义，这样，为下一步的功能整理提供依据。

7.2.4　产品系统的设计

在产品系统设计的众多方法中，各有其侧重点和主要面对的设计领域。根据事物发展的普遍规律，事物发展的趋势是波浪式前进或螺旋式上升的。现实的法则是从 A 点到 B 点，没有不偏离的直线。一旦开始行动必然会有偏离。只有不断总结和发展，以有起有伏的波浪式前进，才符合事物发展的规律。适老化设计过程也是符合上述规律的，其本质是人、环境和设计师三个要素相互作用的动态过程。设计师的职责是让用户在场景中获得更好的体验，就需要发现用户在使用场景和环境中的问题，提出解决方案并放回场景中重新观察是否满足用户的需求。在一开始无法找到最好的解决方案时，我们往往需要不断执行上面的过程，尝试在一个周期内达到相对理想的状态。实践中我们发现，"双钻模型法"是一种常用的设计方法，也是经实践检验后行之有效的产品系统设计方法。

7.2.4.1 双钻模型法

双钻模型是英国设计协会发布的一种定位问题、寻找解决方案并持续优化的系统分析方法。该模型描绘了设计师或相关从业者的设计过程，两个菱形体现了发散和聚焦的思维方式：从更广泛、更深入的角度探讨问题，然后针对结论集中采取行动。双钻模型主要包含四个阶段：发现、定义、构思和实现。

双钻模型法主要内涵体现在：首先将前两个阶段（发现和定义）的目标正确决策，确定有价值的设计方向；后两个阶段（构思和实现）的目标是正确地执行，用有效的方式设计并实现。如图 7-4。

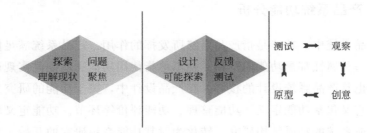

图 7-4 双钻模型法

双钻模型法描绘了在设计流程中发散和收缩的过程，是一种设计师经常使用的思考模式。如果说解决问题是设计的核心价值，那么我们可以将解决问题分解成"问题是什么"和"怎样解决问题"，或者更准确地表达为"真正的问题是什么"和"最有效的解决方案是什么"。

双钻模型主要分为两个阶段，四个步骤：

第一阶段为正确的事情做设计（designing the right thing）。

第 1 步：探索（Discover）和调研（Research），此步是发散型思考，探索和研究问题的本质。

质疑（rip the brief）：对需求质疑，对商业模式质疑，对用户质疑，质疑一切不合理的事情。

故事/场景（cluster topics）：列举用户可能遇到的真实场景元素，地点、时间、人物、故事等，梳理整个产品与人可能发生关系的流程和节点。

研究（research）：针对问题进行研究，例如用户访谈、问卷调查、竞品分析、行业分析等，最终得到一系列的研究结果。

第2步：定义（Define）和聚焦（Synthesis），此步是将第1步发散的问题进行思考和总结，把问题集中起来解决。

洞察（insights）：把存在的问题、研究结论看透彻，这是一个深入观察的过程。

主题（themes）：把问题归类成为一个主题，或者说是把问题归类成为一个系列。

机会领域（opportunity areas）：把之前的行业分析、竞品分析以及存在的问题一起比较，发现可能存在的机会突破点，例如这个设计能给用户带来什么？我们在有关的领域应该怎么做，能解决什么问题？

第二阶段是将设计做正确（designing things right）。

第3步：发展（Develop）和构思（Ideation），此步开始真正的交互设计构思。

构思（ideation）：把问题具体化，我们可以参考流行的设计趋势、好的设计网站或者好的交互效果，构思自己的交互设计应该如何做。

评估（evaluation）：如果构思的过程产生了很多的想法，那么我们应该先评估一下可行性。

想法（ideas）：经过评估之后，最终选择2～3种想法。

第4步：传达（Deliver）和实现（Implementation），此步等于最终用线框图解决之前的问题。制作原型、测试、迭代（build、test、iterate），重复3次以上。即可以简单理解为线框图的评审（自己把关、产品经理把关、评审把关），反复迭代原型。有的学者也会在英国设计协会的"双钻模型"的基础上将双钻模型简化概括成三个阶段，这是针对不同的设计领域需要将有些环节单独提取出来而做出的调整。双钻模型是一种系统的设计思考和设计实践的思维方式，也可以针对某一方面的问题将每个阶段分拆出来单独使用。

第一个阶段是找到正确的问题，通过各种调查方式找出可能存在的问题，并进行筛选，聚焦并确定最可能的问题所在。

第二个阶段是找到正确的解决方案，通过触点分析、问题矩阵、创建设计蓝图等对确定的问题找出合理的解决方案。

第三个阶段是优化迭代，在形成解决方案的基础上并持续运行第一、第二阶段方法，不断进行设计优化和完善。

双钻模型方法对产品系统设计的价值：

① 在双钻模型中，对思考过程进行了分段拆解，让思维训练更具可操作性，也使设计者能够对照双钻模型在设计实践过程中进行自我监视。双钻模型将不可见的思维过程分为 2 个核心部分：确定正确的问题和发现最合适的解决方案。在设计实践中，设计者对设计程序的重要性总会产生困惑，认为程序是束缚设计思维的条条框框，总会过早地进入设计方案（解决问题）环节，由此而带来的是设计越做越"糊涂"，最后出来的方案也没有把握问题的本质。

② 在设计过程中，总会面临各种各样的问题，而这些问题的本质是什么？如何理解和定义问题？这需要对问题重新审视。有了双钻模型的指导，可以辅助设计者更好地在深入研究透真正的问题之后再开展设计方案的探索。第一个钻石模型，为我们提供了寻找设计中真正问题的方法。通过第一个钻石的提出，原本易被忽略的问题环节重新受到重视，避免设计方案发生方向性偏差。在现实中，我们经常会看到很多"为设计而设计"的产品，最后导致市场的失败、资源的浪费。

③ 双钻模型法使设计思维过程可见。通过双钻模型设定的思考框架，原本处于"黑箱"的思维过程被逐渐呈现出来，对设计者和思维训练与研究者来说都更直观，也使设计方案的演绎过程更可把握和更可理解，提高设计工作效率。

7.2.4.2 概念与草图

设计概念（Concept）是设计者一种原始的、概括性的想法，是一种尚待逐渐扩张和发展成细节的原始感觉，是一种内涵错综复杂的原始架构，是在系统分析问题之后产生的对于设计的一种认知，是来源于设计条件的心灵意念，是一种由需求转变成解答的策略，是进行设计的初步策略，是发展主要设计要点的初步法则，是设计者对课题的初步构想。

设计概念是相对抽象的，有时可能是"只可意会，不能言传"。然而，设计方案是要求以具象的、可横向进行沟通交流的、可纵向记录设计者设计历程并最后以图文的方式呈现的结果。因此，在设计实践过程中就存在一个由抽象向具象的转化与表达过程。这个过程是专业设计师完成的关键环节，也是设计初学者最纠结的环节。

由概念向草图的转化是具体设计散发的过程，是处于"双钻模型法"中的发展期阶段。将概念转换到具体设计是以图文速记、讲故事和草图的形式展开。产品故事的内容与形式是多样的，可以是对现有状况的陈述，即讲述一个与目标原型相关的故事，描述产品使用的经历，也可以通过故事来展现产品的问题，通过系列情境思考寻找最终解决方案。故事还可以涉及对未来的描述，对新的设计理念的构想。产品故事可能没有太多细节性的描述，甚至可能还存在一些尚未解决的问题，但由此萌发的对未来发展趋势的设想，能够对创新设计思维的拓展有很好的激发作用。故事也可以具有说明性，通过讲述一个用户使用产品的过程，将产品的使用场景与人机交互过程串联起来，形象生动地呈现产品的创新概念。一个精彩的故事在用户体验中往往扮演着重要的角色。故事包含大量的信息，听众可以从故事的陈述中了解事情的起因、经过、结果，以及在整个过程中故事主人公的行为和态度。故事在某种程度上也能激发听众的创意。在倾听故事的过程中，听众会根据故事的内容在自己的头脑中进行想象和思考，甚至在脑海中想象故事所没有提到的具体细节，从而大大丰富了与故事相关的产品使用体验。

以适老化设计为例。将普通老人的生活用讲故事的形式展开，采用图文速记的形式表达出来。如图 7-5，老人生活主题板。

7.2.4.3　设计深入

设计师通过图文速记的老人生活故事，能够获得更多间接经验，启发更多创新想法。倾听用户的声音不仅仅限于语言交流和观察用户的行为，更加需要设身处地地从老人的角度来进行思考，进而达到理解老人。"观察"可以算作更高级别的"倾听"，用户在表达的时候并不会说出自己习以为常的东西，有些时候，用户已经习惯了某些小的问题，已经习以为常到不把它看作问题，我们需要在观察用户的行为细节中发现其基于问题的需求点，将其体现在设计中，就可以算作真正倾听到了用户的心声。如图 7-6，宅居老人一。

宅居老人的故事构建是基于丰富的基础素材，择取最具代表性且经常发生的部分融合而成的。根据不同设计需求，可以创作出说明性故事、概念性故事、叙述性故事等不同类型。说明性故事需要对主要行为细节与场景细节有深入地刻画，一定程度上能够起到产品使用说明书的作用；概念性故事，需要有更具吸引力的情节设置，因为令人惊奇的故事情节易于将新趋势、新方向、新理念有效导入，传递给使用者；叙述性故事，更加强调某特定年龄段、特定教育水平、特定婚姻状况的人物角色在故事情节中的表现，真实生动，容易引起人们的共鸣。设计中，我们可以灵活地选择某一个或多个故事类型进行综合创

图 7-5　老人生活主题板

作。如图 7-7，宅居老人二。

　　罗伯特·麦基归纳了故事的八大驱动力：自我意识、他者意识、记忆、智慧、想象力、洞察力、关联、自我表达。逐层递进的八个驱动因素支撑了一个

图 7-6　宅居老人一

好的故事的呈现。从设计的角度来看，这八个驱动力也正是对一个好的设计师
的具体要求。故事的构建与设计的过程是并行且相互促进的。设计过程逐步加

图 7-7　宅居老人二

强了对故事的理解，并为故事的发生丰富了更多的细节；同时也逐步将发散的故事创意进行围绕主题线索的理性梳理。一个有效的故事要有描述动作和行为的细节，要有一个特殊的情境，要对行为的动机有详尽说明，要对人物原型有细致刻画。

罗伯特·麦基将故事发展设计分为八个阶段：第一阶段，目标受众（意味深长的情绪感染）；第二阶段，主题（平衡）；第三阶段，激励事件（失衡）；第四阶段，欲望对象（未被满足的需求）；第五阶段，第一个行动（策略选择）；第六阶段，第一个反馈（悖论期望）；第七阶段，危机下的抉择（洞察）；第八阶段，高潮反馈（闭幕）。❶ 一个好的故事需要让观众融入其中，使其能够在有限的信息传达过程中理解设计者的初衷。故事的讲述过程是对设计师他者意识最好的训练。站在老年人视角看待问题，是设计者重要的基本能力。

7.2.4.4 设计表达及设计展示

（1）将场景融入设计 人们对系统的认知不是对个体产品认知的叠加，而是整体了解后的认知与适应。场景式思维是产品系统设计重要的思维方法之一。所谓场景式思维过程是设计者将产品所存在系统置于行为时间发生轴上进行分析的过程。因此，设计师又被形象地比作"准导演"，可见情境构想能力对于设计师的重要性。场景描述与解析需要对系统的构成有整体性理解，即准确掌握系统的类别、系统的层次、行为系统特征、心理系统特征等要素，在描述与解析过程中，逐步形成对该系统设计需求与创新概念的发散构想。设计者是在对使用者行为实践描述的过程中找到需求问题解决的切入点，明确系统属性定位，逐步建立起具有问题针对性的系统解决框架，并最终完成产品设计解决方案的。

如前所述，场景的构想是建立在认知经验基础之上的。正如米哈里·契克森米哈赖所说："我们想要验证人们定义他们现在是谁，他们曾经是谁，以及他们想要成为谁的过程中，物品所起到的作用。因为尽管物品很重要，人们对其被赋予的意义、参与目标的方式，以及事实上的体验，却知之甚少。"我们应该有意识地全面接触各种不同类型的生活状态，真诚地走到生活中去，亲自体验并形成认知经验，这是设计师能够建立起有效场景式思维分析能力的重要保障。

正如温斯顿·丘吉尔所说："我们虽然在营造建筑，但建筑也会重新塑造

---

❶ 刘斐.产品设计思维：无界思考与优化呈现［M］.上海：上海科技教育出版社，2020.

我们"。我们在营造产品系统的同时，生成的产品系统又会反过来塑造我们，我们形成了对该产品系统的适应性，养成了相应的行为习惯。因此，我们在系统构想过程中，应建立起一个螺旋式上升的循环逻辑思维模式，在系统建立与行为者被改变、系统再改进与行为者再适应的磨合中形成系统的清晰场景发展构想。

图7-8是摇摆的药瓶设计。该设计是家居产品系统场景式思维启发下的典型设计作品。家居环境中储药空间内药瓶种类繁多，尤其是老年人的常用药品品种多，药瓶规格各异，普遍存在储药空间狭小等问题。找药、识别、取药过程十分耗时耗力。该设计将老年人用药在起讫时间轴上的行为进行系统场景化，对行为与行为的关联、问题与问题的叠加进行综合分析，发现"找药、识别、取药"过程中存在"拿起、阅读、放回"的附加过程，其原因在于标签书写方向可能与寻找过程中的视线读取方向相反，只有拿起翻转才能够实现读取识别。由此便产生了该设计的概念：让拿取过程直接完成标识读取。不倒翁似的药瓶倒置在收纳空间内，方便用户寻找药品时，能够直接读取药瓶标签上的信息，快速拿取所需药品，实现了药瓶、储药空间、人物的场景融合。

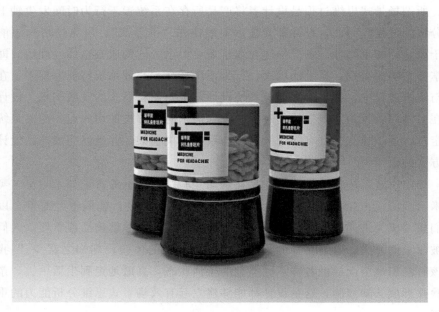

图7-8　不倒翁药瓶

为增强产品系统使用效率，尤其是针对特殊人群的使用需求，需要增加辅助设施来满足使用者在某场景下的操作行为需求，进而增强使用者的产品系统适应性。这需要设计者能够对某场景下的使用过程进行充分分析，能够合理地提出辅助设施设计需求，实现产品与产品间操作行为的有效连接，从而提高产品系统的整体使用效率。图7-9是浴室辅助扶手设计，该设计在老年人卫浴空间增加了模块化的扶手，将卫浴空间的系列行为进行无障碍连接，进而提高了日常生活连贯行为的整体完成度。

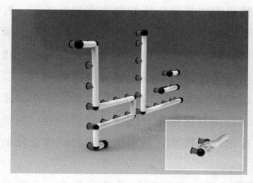 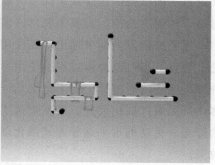

图 7-9 浴室辅助扶手设计

（2）将关联性融入设计 日本设计师原研哉说："设计不是一种技能，而是捕捉事物本质的感觉能力和洞察能力。"事物之间是紧密联系的，物是环境中的物，是相互关联着的物。发现物的本质，并能够建立起系统内事物间的关联性，是明晰产品本质的关键。关联式思维，是系统设计过程中重要的基础思维模式之一。系统概念的核心便是普遍联系地看问题，整体地分析问题。系统产品间的联系是立体多面且错综复杂的，如何从中提取针对所要解决问题的必要关系，是关联式思维强调的重点。设计中，我们经常会在分析某行为特征的同时，将同质特征的其他行为进行参考列举，目的是要在直觉相似的行为间寻找共通的关联性。同类列举能够让我们基于自己的直观感知，寻找这一感知背后的内隐同质性。设计过程中常用的思维爆炸图，便是将能够想到的，具有直接或间接关联性的所有事物一一列举，在所绘关系网状图中寻找具有设计思维启发意义的关联点。

同质关联设计，是将同质物进行本质归纳，并将这一性质加以创造性拓展应用的过程。如图7-10记忆标签和图7-11记忆调味瓶所示。设计者从老年人记忆力衰退的角度出发，关注老年人在操作行为过程中容易出现因忘记之前的行为动作而产生操作失误的现象。设计过程中，围绕着系列动作的连续过程，分析易忘的动作特征，并将其与相关联的事物进行比较列举，并尝试从中寻找本质的关联点。分析的结果是：A动作的结束与B动作的开始并没有在完成

155

后形成反馈，没有对已完成动作进行必要的标记，从而导致因忘记动作行为是否完成而产生重复操作，致使一系列不必要的失误发生。

设计者通过对关联物的同质分析，对解决这一问题的途径进行了归纳，其中包括：通过操作后的痕迹来实现标记；通过标记物来记忆动作的完成；通过放慢结束动作过程来延迟遗忘现象发生等。接下来，设计者针对每一解决途径又进行了同质衍生，尝试从同质关联性事物中找到合适的解决方法。首先，针对第一种解决途径，能够关联出许多事物，如坐标、提示灯、易位标记等。其中，用产品位置坐标来标记产品使用前后的位置，进而确认是否被使用过，理论上可行，不过该操作过程给使用者增加了额外的位置记忆等限定约束。第二种解决途径，通过标记物来记忆动作，"记忆动作"与其同质关联的事物非常多，例如通过破损痕迹、形变痕迹实现行为前后标记，通过延时的声音、闪烁的灯光、晃动的水平面等方式强化动作的动态特征，从而达到延时动作记忆的效果。

图 7-10 的设计正是运用关联性思维方法，将通感思维贯穿其中，系统分析后找到了设计的切入点，将晃动的油态液面作为动作的记忆标签。将小标签

图 7-10　记忆标签

贴于操作物之上，操作前后液体中的悬浮物会被摇动，并需要持续一段时间完成沉淀过程，从而将操作行为进行了延时标记，达到了行为辅助记忆的功能。

第三个解决途径，通过放慢结束动作过程来实现对动作的记忆。这需要设计者去联想与"慢动作"相关联的诸多事物，并加以同质化归类。如图7-11所示，设计者发现老年人在烹饪过程中经常忘记调料的使用情况，而出现重复投放的操作失误。设计者延续上面的思路，寻找"放慢动作结束过程"的合理方法，关联过程中发现滴水计时、沙漏计时通过阻隔流态物的回流，能够达到延缓动作结束过程的效果。通过类似沙漏的瓶内阻隔板，将调料回流过程加以适当阻挡，从而在一定的时间内，实现对动作结束过程的延缓，进而实现强化行为发生记忆之目的。

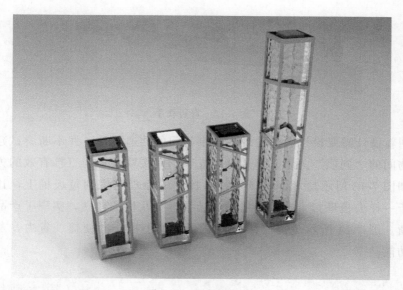

图 7-11　记忆调味瓶

将相关行为进行关联，在行为系统联动发生过程中能够让使用者更加轻松地完成相关目标活动。将行为进行"空间延伸"往往能够更加优化行为系统状态，丰富使用者对目标活动的体验效果。空间、平面、线条、节点等依据系列行为的特征进行转换设计，能够很好地协调场景中不同行为活动发生时的特定需求，能够在较少的设计改变中实现使用方式的优化与拓展。如图7-12所示的弯折扶手设计，通过改变既有扶手的空间弯折状态，实现扶手功能的拓展，不仅更加适应老年人上下楼梯的施力方式，而且使其能够在中途休息时为老年人提供稳定的倚靠，从而将上下楼梯相关行为需求进行有效关联优化。

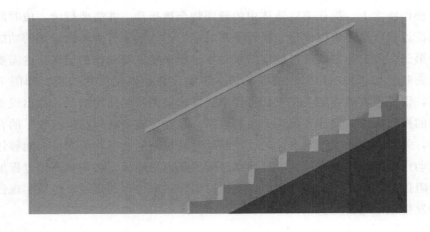

图 7-12　弯折扶手

创新设计需要设计者去发现不同事物间的共通属性，并不断尝试建立多种事物间的"同质"关联。移用是建立事物间关联性最为直接有效的方法之一。如图 7-13 所示垃圾桶，该设计将梳子的原理运用到垃圾桶上，让它如同梳子一样去梳理扫帚上的碎屑垃圾。合理关联性的建立，实现了产品设计的创新。图 7-14 所示免提开罐器，实现了单手操作的便捷、省力、友好的设计功能。

图 7-13　垃圾桶

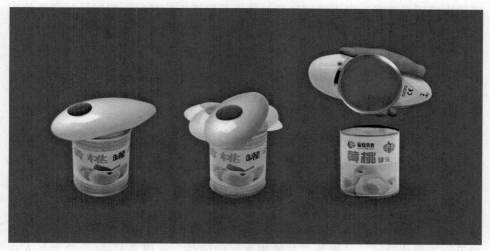

图 7-14　免提开罐器

（3）将端点化融入设计　《礼记·中庸》中记载道："执其两端，用其中于民，其斯以为舜乎?"中庸之道就是"执其两端而用其中"。"执中"即拿捏得当、恰到好处，这是设计的最终目标。"执中"的前提是明晰事情发生、发展、结束的起讫端点。只有知其两端才可能有效地控制事情发展过程中的节点，从而避免陷入无边界参照的盲目"失中"。

端点化设计思维是基于突破性、荒谬性、天方夜谭中建立起来的。爱因斯坦曾经说过："如果一个想法在一开始不是荒谬的，那它就是没有希望的。"设计过程亦如此，没有大胆的构想就很难有突破性进展。那么如何才能够生成有突破性进展的构想呢？当确立了老年人的设计选题，那么第一项任务便是对该选题进行描述，这一描述可以是形而上的，也可以是突破现有定义所圈定的范围进行的描述。理清选题的意义描述后，继而便是端点式思维的开始。对现有系统中的问题节点进行正面与负面推演构想，便是围绕设计目的端点构建。端点式思维可以分为：假设性端点式思维、多向性端点式思维、集合性端点式思维等。

假设性端点式思维就是将问题发生与发展的起讫点进行理论上的假设，即使当时这一假设在未来实际中未必可行。确立了假设的端点，便明确了设计妥协的起点。任何设计都是妥协的结果，即从不能够实现的端点向实际可行行进并妥协，最后找到契合的折中点。

多向性端点式思维是指问题发展的理想终端会有若干种不同的可能性，针对这些可能性，只能通过形象的理想概括来加以描述。这一类设计思维在设计

159

实践中应用最普遍，当不能够比较具体地获取终点信息时，如何针对定性的端点描述进行设计也就成为设计的难点。我们经常会用"物极必反""否极泰来""福祸相依"来形容事件发展端点之间的依存关系。其实设计中，我们所择取的问题发展的端点也同样如此，一个事件发展的终点，通常也是另一个新事件发生的起点；一个事件发生的起点，也自然是前一事件结束的终点。从这一意义上讲，其实正、负端点是毗邻的，是相生相灭的。

集合性端点式思维是相对于前两种而提出的。它在设计过程中，将多个端点预期逐一列举，并整体实现于最终成品设计中。设计实践是各思维方法交叉运用的过程，从下面的案例中我们一一体会。

图像化思维是最为直接有效的认知方式，是认知过程的主要途径。尝试将获取抽象文字信息的过程变成图像识别过程，将复杂信息或较难快速识别的信息进行图像化处理，是提高产品使用效率的捷径。如图 7-15 所示的老年人可视化手机，设计者针对老年人使用电子产品相对困难的问题，提出"零界面"作为理想端点构想。"界面"分为硬界面和软界面，具体包括按键、屏幕、菜单、字体、语音、图像、符号等。如何实现"零界面"，涉及人机交互方式、操作逻辑、界面美观等多层面的问题。设计者对问题发展端点做了多重假设：去屏幕、去按键、去操作、去符号等，分析后确定，操作中最为困难的症结点在寻找人名和拨号上。最终设计者落脚在"去拨号行为"的创意上，即用识图代替寻拨号码，通过对亲友照片或标识信息的感应实现自动拨号。简单的感应技术的应用，为这一交互难题提供了很好的解决办法。回顾这一设计过程，我们会发现，对操作行为优化的理想端点是设计能够得以推进的关键。面对多向

图 7-15　老年可视化手机

端点的状况，应该从行为系统的整体出发，选取重要行为节点，有针对性地寻找解决途径。

设计应适应老年人的使用行为是产品设计的基础要求。实际生活中，老年人很少喝瓶装饮用水，一是水凉不适应；二是仰头喝水的动作不友好，存在大量需要使用者去被动适应产品的情形。如图 7-16 的水瓶设计，尝试对已经固化的水瓶形态进行改变，使产品适应老年人。该设计为可调瓶颈式设计，通过不同角度的弯折来适应头部不同的俯仰状态，让老年人在各种姿态下都能舒适、方便地喝水。

图 7-16　可调瓶颈容器设计

设计过程中，考虑到多种需求，并在整体的设计中进行综合性的平衡，能够最大限度地提高产品的包容性。如图 7-17 所示的老年家庭鞋柜设计，采纳的便是典型的多端点整合设计的思考方法，即"功能岛"。设计者选择了老年人出行行为系统作为研究的对象，归纳出老年人出行准备系统的核心环节集中于门厅空间，主要涉及：内务确认、携带整理、日程形成等部分。其中涉及的行为包括：检查备忘、收纳整理随行物品、穿衣穿鞋、提拎物品、打扫门厅空间、出行之前小憩等。针对这些需求，理想中的端点与之一一对应：提醒终端、收纳存放、易拿易放、可供坐靠、临时放挂、电源控制等。设计者将以上设想进行了逐一优化整合，最大限度地满足了老年人出行准备的需求。

图 7-18 针对老年人设计的组合式餐盘。设计师对老年人出行用餐行为系统进行了精准分析研究。走访了社区食堂、老年公寓、社区餐馆等常规老年人

图 7-17 "功能岛"鞋柜

出入场所。调研过程中发现高峰时期打饭过程太长、端盘过程烦琐、打包盒需要自带或有偿服务、餐盘分区不灵活等问题。针对以上问题，设计师从假设性端点式思维方式出发，提出了问题发展的假设理想端点，即不需要自己二次盛放、不需要自带餐盘、能灵活调整餐盘布局等。端点式假设设计法，设计初期尝试对调研过程中发现的问题寻找解决突破口，中后期根据实际可行性予以改进调整。组合餐盘的设计，一定程度上满足了上述三点的需求性问题。整体设计有四种规格的单元体组成，打饭时只需要将所选的菜盘互相之间插接、叠放，即可拼接成一个整体餐盘，从而有利于老年人携带。用餐时可以将餐盘拆解开来，按需摆放。

图 7-18　老年组合餐盘

　　社会的转型变革依赖于创新的驱动。在当前老龄化国情的时代背景下，适老化设计思维应该被人们广泛关注。针对老年工业产品的设计，其设计思维是面向未来的对既有经验的超越过程，是适老化设计的前提。一个优秀的设计作品建立并成熟于一个充满创造力和系统整合力的思维过程中。设计思维应该是面向未来的思考，是基于体验经验的无界思维，是能够在多维度因素启发、促动下，通过视觉形态语言予以呈现的思考方法。

第8章 适老化设计思维在居住空间中的应用

居住环境是人们生活、学习和工作的最主要的场所之一，人的一生中有三分之二的时间是在室内度过的。良好的居住环境可以使人保持愉悦的心情，从而防止疾病的传播、增强自身的抵抗力。那么安心舒适的居住环境，是"整洁干净""住得习惯""房间宽敞""有家人一同居住"，还是"生活物品必备齐全"？不同的人有不同的追求，需求亦不同，尤其是当进入老年期，身心功能出现不同程度的衰退，为老年人提供安全、舒适的居住环境是解决养老问题的重要方面，也是维护老年人权利的重要体现。"老吾老，以及人之老"是中华民族的传统美德。更何况，对于每一个尚未进入老年的人而言"吾亦终将老"，如果能够为今天的老年人创造良好的生活环境，也必将在未来惠及自身。因此能够让老年人舒适地安度晚年的家居生活，是和谐社会、宜居社区不可或缺的重要组成部分。

如何确保如此庞大数量的老年人口"老有所依，老有所居，老有所乐，老有所医"，"幸福、有尊严"地安度晚年已成为全社会面临的迫切问题。其中，"老得其所"是首要的物质保障。目前我国城市中传统建筑样式单一，尤其是城市中心区的老旧住宅区建设标准较低，房屋设施陈旧，社区公共服务配套不足，居住空间也不符合老年人居住的安全和便利需求。因此，我国需要大批养老居住空间的投入建设，这将会对养老居住空间设计行业发起严峻的挑战。为此，相关设计人员有必要认真开展对适老化理念的养老居住空间设计的深入研究，为广大老年人提供一个舒适、惬意的养老居住环境。

8.1 我国养老居住问题

当前随着家庭少子化、空巢化以及居住观念的改变，依托子女的传统养老照料模式已经难以为继。老年人的居家养老生活将越来越自立。根据对 80 后

164

的调查，80.9％的年轻人希望与父母就近分开居住，老人也希望拥有独立的生活空间以享受自由的晚年生活，因此"近邻分离式"的居住模式更受欢迎。

通过对我国当前经济发展水平、老龄化特点和老年人意愿的综合考虑，我国政府确定了"以居家养老为基础，社区养老为依托，机构养老为支撑"的养老居住政策，同时提出了"9073"的养老居住格局：即90％的老年人在社会化服务协助下通过家庭照顾养老，7％的老年人通过购买社区照顾服务养老，3％的老年人入住养老服务机构集中养老。比较而言，居家养老是一种普适化的养老居住模式，其可以发挥现有住宅的居住功能，依托家庭、邻里以及社区管理组织的服务功能，尽可能满足绝大部分老人的居住要求。

8.2 适老化居住空间对实现养老的重要意义

8.2.1 保障老人居住安全

在适老化居住空间设计中，居住的长期安全是保证老年人生活质量的重要因素。应充分考虑各类意外发生的可能性，如采取必要的设计措施降低老人居住中发生事故的概率；无障碍设计帮助老人自理完成多数生活行为，减少对子女及社区照料的依赖。

8.2.2 提高老人与外界的联系

老人的居家生活往往需要社会力量的协助。通过在老年住宅中设计安装信息系统可有效联络外界力量，使老年人在家中就享受到各类社会服务，在出现突发病情等紧急情况下也可以及时得到外界的救助。同时通过合理考虑老年住宅在社区内的规划位置，使其邻近社区服务设施，可以使老年人及时了解各类社区活动，促进老人参与集体活动，从而减少生活的孤独感。❶

8.3 适老化居住空间设计思维

家庭是构成社会的基本细胞，是促进老年人老有所养的重要基点。让老年人安享幸福晚年，首先要做到的就是让他们拥有一个宜居的家。全国老龄工作

---

❶ 全国老龄工作委员会.2009年度中国老龄事业发展统计公报［J］.中国社会工作，2010（20）：48-50.

委员会办公室于 2008 年在国内提出了"老年宜居"的概念，并积极推动老年宜居环境建设。老年宜居环境狭义是指居住的实体环境。广义是指社会、经济和文化等方面的综合环境，其建设目标是优化老年人的健康条件、参与机会和安全保障，提升老年人生活质量。《中华人民共和国老年人权益保障法》规定了"家庭赡养与抚养"专章，明确了"引导、支持老年宜居住宅的开发，推动和扶持老年人家庭无障碍设施的改造"。

构建养老、孝老、敬老的政策体系和社会环境，需要更加注重老年人的需求——如何运用适老化思维设计的居住空间让老年人生活得更加舒适开心：适宜的家具摆设、适合的光线色彩、适当的辅助设施、适体的桌椅床凳等。家中的一切，都应尽心保障老年人的安全、便捷、舒适，都应尽力支持老年人维持独立生活的能力，都应尽情表达对老年人深沉隽永的亲情、孝心和爱。让我们从一点一滴做起，让更多老年人拥有一个温馨舒适的家。

8.3.1　建立"以人为本"的设计理念

老年住宅的设计并不能局限于机械地执行相关设计标准规范的规定，设计师必须将"以人为本"的设计理念贯彻始终。设计师需要深入研究老年人的生理特点和心理需求，充分考虑老年人的生活习惯，为可能出现的紧急情况做好准备，重视每一个细节的精细化设计，并为将来的适老化改造做好预留准备。只有从老年人的特点及要求出发，才能设计出适宜老年人居住生活的住宅。

8.3.2　立足国情探索适老化设计

设计师在借鉴发达国家先进经验的基础上，深入研究中国老年人的特点和需求，深入了解中国的养老服务管理模式，以及以宏观的视角来审视我国当前养老产业的发展阶段，同时也需要社会各界提高对建设老年住宅重要性的认识。只有通过对本土化的思考和探索，才能合理确定老年住宅的设计定位、设计模式以及相关的设施配置，设计出适宜中国国情的老年住宅。

8.3.3　运用"五感"的适老化设计思维

从生活的细节入手，采用"五感"的适老化设计思维方法，让被照护者感受到神清气爽、身心愉悦。

"五感"是人类五种感觉的统称，即视觉、听觉、触觉、味觉和嗅觉。给予五感的刺激不同，产生的情绪亦不同。有时会心情舒畅，有时会烦躁不安，只有恰到好处的刺激信息才有利于激活免疫细胞，保持身心平衡，同时还有助于预防阿尔茨海默病。

（1）视觉

① 颜色：人类从外界获取的信息约90%都是通过视觉得到的，因此，应该灵活运用色彩的明亮度和每一种独立色彩的特点，使其对人的心理产生积极的影响。色彩的明亮度会影响人的感受；如明亮的橘色和黄色会让人感觉轻松、愉悦，而在明亮的颜色中加入灰色和白色，则会让人感觉沉静、安定。对老年人而言，能够识别的颜色种类仅为年轻人的一半，如果患有白内障，可识别的颜色种类会更少。这就需要在居室的环境设计、环境布置方面，为被照护者提供容易辨识的颜色或照明工具。如起居室可以用温暖的暖色系（红色、黄色、橘色、粉色、茶色等）让人感到平静、暖心；浴帘可选用清新、素雅的质地和图案，这能体现出老年人成熟、稳重的智者风范；洗浴空间使用暗色瓷砖时可镶嵌在白底上或黑色扶手配以浅色的瓷砖，这样有助于视力障碍者更好地辨识。

② 照明：保持明亮的生活环境，有利于老年人的居住安全。起居室内的光线不仅可以照亮房间，还会对人的健康产生影响。

保持室内明亮不仅可以通过采用自然光，也可依靠照明工具。人工照明可根据用途的不同分为整体照明和局部照明，前者可将整个房间都照亮，而后者仅照亮工作场所。在使用照明工具调节光亮时，要依据被照护对象的视力状况进行调节，起居室的最佳照明应控制在30～150勒克斯，局部照明以150～1500勒克斯为宜，而对于老年人，在此基础上1.5～2倍的光亮度为佳。老年人在阅读报纸时，有必要使用局部照明，而在走廊等亮度较差的地方，可考虑采用脚底灯（图8-1）确保光亮度。

图8-1 脚底灯案例

（2）听觉 人通过对外界物象和声音的感知来获得舒心和愉悦的感觉，并能达到更高层次的审美需求。听觉对于居住环境来说，具有净化和陶冶情操的作用。

① 声音：声音在人类每天的生活中无处不在，如水壶烧开、开关门、排水的声音可以感受到生活的气息，听到鸟儿的鸣叫声等大自然的声音会获得内心的宁静和安定，听到动听的音乐等使人身心愉悦。过分静谧或完全隔绝声音的生活反而会增加人的寂寥难耐、不安和孤独感，因而有必要根据被照护对象的状态和需求，营造恰当有声的环境。

② 噪声：巨大声响或虽小但刺耳的声音都属于噪声，严重威胁着老年人的健康。对噪声的认识也存在个体差异，人听到喜欢的音乐时会心情舒畅，而听到不喜欢的音乐时，哪怕声音再小也感到烦躁。因此，对于声音的好坏应该因人而异，只是在向被照护对象传达声音时应尽量避免大音量。教会被照护对象自己操作电视机、收音机，依靠音乐来刺激听觉。

防止噪声的方法主要有两种：一是隔音；二是吸音。

隔音是将声音通过的物体，如墙壁和门窗等改换成隔音效果强的特殊材质，减少声音的传入。

吸音是将矿棉等多孔性材料置入墙壁内部，吸收窗帘、地毯等物体反射的声音，使噪声变小。另外，建议在居室中铺上地毯，这样在入睡的被照护对象附近走动时，可以减轻脚步声。

③ 音乐：音乐本是一件快乐的事情。音乐与室内的视觉物象相呼应形成浑然一体的空间环境；音乐还具有掩蔽噪声的作用；音乐不仅具有催眠作用，缠绵平和的音乐催人飘然入睡、梦境甜美；音乐还具有叫起的作用，轻松愉快的音乐令人自觉地从睡梦中醒来，且心情轻松，精神饱满。

（3）嗅觉　嗅觉与情绪是有关联的，不同的气味会影响人的情绪，可以根据个人的情绪、性格和体质，配合不同的气味，如选择不同的芳香精油可以达到调解身心的作用。香味不仅给人以舒适的感觉，还能净化空气，对人体健康亦有益处。精油含酮、酯等化学成分，这些成分决定它的治疗特性，可通过直接吸入、沐浴、按摩等方式，来改善焦虑、疼痛、疲倦及伤口愈合等情况。不过有些精油有明显的收缩血管等作用，因此，孕妇、高血压患者、青光眼患者应慎用。还有些精油对中枢神经有强烈的兴奋或抑制作用，一定要注意控制用量，有癫痫、哮喘等病史的患者禁止或限制使用。

气味对人内心的平静起着很大的作用，应尽量去除房间里的难闻气味，努力营造气味良好的生活环境。如居室内有便携式厕所，厨房残留食物、油烟的气味，都需细致地清扫并保持通风。

（4）触觉 对于视力低下甚至全盲的人说，依靠视觉无法获得信息，必须用触觉等其他感觉来获得信息。例如经常使用的生活用品，拿在手里，就会让被照护者感觉安心，这就是触觉的应用；对卧床不起的被照护者，要在确保安全的前提下，将物品放在其触手可及的地方。

人体对温度的感知会受到气温、湿度、气流、热源等因素的影响。例如，气温相同的情况下，湿度较高的地方会感觉更热，而有气流的话则会感觉凉爽。因此，室内温度应根据人的年龄、活动状态、健康情况等的不同进行适当调节。一般情况下，夏季的室内温度应保持在 25～27℃，而冬季在 18～23℃为宜。

室温与人体的关系：随着四季变化、温度波动，人体的感觉也有不同。冬天，室内适宜的温度让人感觉温暖如春、身心愉悦，而温度过高或过低都会引发多种疾病，最常见的就是感冒。夏天，如果室内温度过高，空气就会变得干燥，人的鼻腔和咽喉容易发干、充血、疼痛，有时还会流鼻血。在过高的温度中，人也会变得烦躁、注意力不集中、精确性和协调性变差、反应速度降低等。如果室内外温差过大，人在骤冷骤热的环境下，容易伤风感冒。对于老年人和高血压患者而言，室内外温差更不能过大。因为如果室内温度过高，人体血管舒张，突然到了室外，血管猛然收缩，易使老年人和高血压患者的大脑血液循环发生障碍，极易诱发严重疾病。因此随着季节变化，应人为调节室内温度，创造适宜居住环境。如冬天可以用电暖气片、红外线取暖器和电褥子取暖；夏天，为遮挡阳光，可在室外装上苇帘或竹帘、种植树木等，室内则可使用窗帘或百叶窗，避免阳光直射。也可以使用空调或风扇等制冷工具，注意老年人使用时不要向着一个方向直吹，易造成手脚冰冷。

为减少日照热量的传导，住宅墙壁应使用隔热材料，可以阻挡室外热气进入，防止室内调节好的空气流到室外。

保证通风换气。应经常开门窗自然通风。窗户的位置、大小不同，感受到的凉爽程度也存在差异。尤其是在闷热的梅雨季节，与其通过制冷设备降温，不如通过通风降低房间湿度，人体感觉会更加舒适。室内空气污染有多种来源，不仅有人体自然排出的二氧化碳和水蒸气，还有被子、衣服上的灰尘，燃烧器产生的二氧化碳和一氧化碳等。此外，使用尿布和便携式马桶，排泄物产生的气味也易沉积在空气中。因为空气污染用肉眼无法识别，容易被忽视，所以在清扫时一定要进行通风换气。木造建筑由于能够进行自然换气，因此，没有必要进行特别处理，但是密封性强的建筑则需要经常开窗换气，对于浴室、厨房和厕所等房间应尽量配备排气扇。

（5）味觉与色彩　我们看到某种色彩时，就好像尝到了某种味道。有些色彩能够增进食欲，有些则会使食欲减退，色彩与味觉也是紧密相关的。如青色给人酸的感觉；黄色、暖色系给人温馨的感觉。食品的色彩从红色到橙色，带给人的食欲会逐渐增强，到黄色开始衰退，浅绿色时达到最低点，再到新鲜的绿色时又会重新增强。蓝色、紫色和紫红色对食欲几乎不起任何促进作用。

8.4　居住空间中适老化设计生理特点、心理特征、生活习惯分析

老年人在生理、心理和行为等方面所表现出来的特殊状态称为老年特征。进入老年阶段，人体的生理功能会产生一定变化，如体表外形改变、器官功能下降、机体调节作用降低等。同时，老年人退休后，随着生活范围从社会转为家庭，其生活重心亦从工作转为休闲、养老，接触的人从以同事为主转为以家人、社区居民为主。这些变化会使老年人的生活需要与其他年龄段的人有所不同，其行为习惯和心理状态也会有所改变。

在进行老年居住空间设计之前，首先需要深入了解老年人特殊的生理、心理特征和行为特点。在此基础上，才能进行具有针对性的、合理的设计。

8.4.1　老年人的生理特点与居住环境需求

进入老年阶段，人的身体各部位功能均开始出现不同程度的退行性变化，对内外环境适应能力也随之逐渐减退，医学上称之为生理衰老。在对老年人活动状况的调查中发现老年人对居住空间的各种需求，主要源自老年人的自然生理衰老和病理衰老。

一般来说，女性60岁以上、男性65岁以上开始出现生理衰老的现象，随着老年人年龄的增长，其生理功能和形态上的退化逐渐加剧。

首先，人体结构成分发生变化。老年人体内水分减少、脂肪增多、细胞数量减少、器官重量减轻，由此导致器官功能下降，出现动作缓慢、反应迟钝、适应能力降低和抵抗能力减退等现象。其中，脑重量减轻还会带来一系列神经系统的退化症状。

其次，人体代谢平衡失调。老年人肝、肾功能降低，罹患糖尿病、高血压、高血脂、动脉粥样硬化等慢性疾病的比例增高，便秘和尿频也十分常见。同时，人体骨密度降低，骨骼的弹性和韧性减低，脆性增加，易出现骨质疏松症，极易发生骨折。

最后，对内外环境变化的适应能力下降，体力活动时易心慌气短，活动后恢复时间延长。特别是由于免疫系统衰退，对冷、热适应能力减弱。老年人的生理衰老对其生活需求和行为特点会产生重要影响，其中感觉功能、神经系统、运动系统和免疫功能等方面的退化与居住环境的设计息息相关。

（1）感觉功能退化　人体的感觉功能包含视觉、听觉、触觉、味觉和嗅觉等，是人体接收外界环境信息的主要方式。进入老年阶段后，往往最先从视觉和听觉开始衰退，随后其他感觉功能也会逐渐衰退。感觉功能衰退会影响老年人对周围环境信息的收集，进而使其对环境的反应能力变差。

① 视觉衰退：出现视物模糊、视力下降等视觉衰退表现，尤其是近距离视物模糊，俗称老花眼。眼部疾病发病率增加，青光眼、白内障、黄斑变性等是老年人常见的眼部疾病，严重者还会出现夜盲或失明。视觉衰退会导致老年人对形象、颜色的辨识能力下降，对于细小物体分辨困难。

视觉衰退所带来的障碍应通过对老人居住空间进行针对性的设计加以改善，例如通过合理布置光源、增加夜间照明灯具等方式提高室内照明度；采用大按键开关，加大标识牌的图案、文字，提高背景与文字的色彩对比度使其更容易辨认，从而帮助老年人在居住环境中获得更加舒适的视觉感受，提高安全度和方便性。

② 听觉衰退：听不清或听不到的现象。老年性耳聋、耳鸣发病比例也较高。这些都会对老年人的起居生活带来一定的影响，严重者甚至会造成危险。如听不到电话或门铃声，一般只会影响老年人的对外交流；而听不到煮饭、烧水的声音，甚至报警的铃声，则可能使老年人发生危险。对于独居老年人而言，听觉衰退所带来的危险性会更大。针对老年人听觉衰退的特征，在设计老年住宅时，可通过增加灯光或振动提示、采用有视觉信号的报警装置等方式，利用其他感官来弥补听觉障碍。此外，确保住宅室内视线的畅通也可以辅助老人了解周围环境的状况，从而保障其安全。

③ 触觉、味觉和嗅觉衰退：触觉功能退化，会导致老年人对冷热变得不敏感，被擦伤、烫伤时不能及时察觉；味觉功能退化，会导致老年人吃东西没有什么味道，影响食欲，进而影响健康状况；嗅觉功能退化，会导致老年人对空气中的异味或有害气体不敏感，严重的会造成煤气中毒等危险发生。

针对老年人的触觉、味觉和嗅觉衰退，在空间布局、家具形式和设备选型等方面均应当进行考虑，如加强室内通风设计、采用具有自动熄火保护装置的灶具或无明火的电磁炉等，避免由于居住环境中的不当设置而产生对老年人的潜在伤害。

（2）神经系统退化　　神经系统退化的主要生理原因是神经细胞数量减少，脑重量减轻。人脑细胞自 30 岁以后开始呈递减趋势，至 60 岁以上减少量尤其显著，到 75 岁以上时可降至年轻时的 60% 左右。同时，脑血管逐渐发生硬化，脑血流阻力加大引起脑供血不足，脑功能逐渐衰退。神经系统退化会带来一定的神经系统症状、情绪变化及某些精神症状，如记忆力减退、健忘、适应能力下降、睡眠障碍、罹患阿尔茨海默病及其他类型痴呆等。老年人神经系统退化严重时可能发生危险，如忘记正在烧水做饭，可能由此引发失火等事故。

针对老年人记忆力下降的问题，在住宅设计中应提供明显的提示，如适当采用开敞化的储物形式或多设置台面，以便放置老年人的常用物品，使其能方便地看到；选择定时熄火的灶具，避免因忘记熄火而发生危险；失智老人需专人看护，在住宅设计中需加强各空间之间的联系，通过增加开敞空间、增设观察窗等方法，方便看护人员与老年人的随时沟通。

（3）运动系统退化　　老年人肢体灵活程度以及控制能力减退，动作迟缓、反应迟钝，易患上肩周炎、关节炎、骨折。老年人行动反应速度变慢。同时，由于肢体活动幅度减小，在做抬腿、下蹲、弯腰和手臂伸展等常规动作时会出现困难。此外，老年人普遍身长缩短，对其动作幅度也带来一定影响。

针对老年人运动系统的退化，在老年住宅设计时，应重点做好地面的防滑处理、避免细小高差、在重点部位安装扶手等无障碍设计，保证老年人的起居安全。同时，还需要在家具形式、尺度和放置方式以及设施选型等方面进行针对性的考虑，如适当降低厨房操作台面的高度、选用较硬的沙发或床具、采用压杆式水龙头和门把手、选用小巧轻盈的分体式家具，增加中部高度的储藏空间的利用等，以方便老年人使用。

（4）免疫功能退化　　由于老年人免疫功能的退化，其生活方式也会有相应的改变，老年人应当更加注意生活的规律性和健康性，居住环境也需要对其提供相应的保障。通常老年人在家中生活的时间较长，对于日照的要求较年轻人高，因此住宅的采光设计非常重要，主要生活空间应该尽量争取好的朝向。

免疫功能退化是人体多种系统退化的综合表现，老年人抵御流感等传染病的能力下降，往往是流行性疾病的易感人群。老年人患有风湿病、高血压、心脑血管等慢性疾病的比例较高，常常会因为感冒着凉等不起眼的小病，导致慢性疾病复发和加重。因此住宅中应自然通风，还应考虑在室内安排适宜活动空间，如设置阳光室，既可享有与室外相近的日照条件，还可避免刮风、雨雪、雾霾等恶劣天气对其生活的影响，防止因温度和湿度变化而引起的感冒等疾病。

8.4.2　老年人的心理特点与居住环境需求

老年人的心理变化及所表现出来的行为特征，是由其自身的生理因素及外部社会环境共同引起的，主要表现为心理安全感下降，担心会发生磕碰、滑倒、突发急病无人救助等；适应能力减弱，害怕得病而不愿出门，时间久了会加剧"与世隔绝"之感，更使其适应能力减弱；失落感和自卑感，老年人退休后社会交往大大减少，这种社会角色的变换导致其生活方式发生变化，破坏了老人已有的心理平衡，会出现失落感和自卑感，同时，随着老年人身体各功能的衰退，自理能力的降低进一步使老年人产生"没用了"的自卑感，常常感到孤独与空虚。

针对老年人心理特点，住宅设计中应予以关注。

（1）提高安全感　强化无障碍设计、安装防火防盗和报警设备、改善空间设计、合理选择采用暖色调和质地温和的建筑材料等手段，为老年人提供更具安全感的居住环境。同时，在规划中对老年住宅就近布置医疗和服务设施，亦有利于提高老年人的安全感。

（2）增强归属感　老年人怕寂寞，如对于需坐轮椅的老人，可在起居室的座席区及餐厅的餐桌旁留出可供轮椅停放的空间，以便老人能够较为舒适地参加家庭集体活动；面向室外公共场地的阳台和窗边空间就非常适合老年人使用，使老年人可以看到室外人们的活动，增强其与外界生活的联系，获得归属感。

（3）营造舒适感　老年人对住宅室内外空间的舒适感要求较高。室外要有丰富的庭院绿化景观、宜人的交往空间、便利的医疗及服务等；室内则不仅要有合理的空间布局、适宜的居室尺度与形状、良好的朝向关系，还应提供空气清新、没有污染及异味、阳光充足、安静少噪声、适宜的温度与湿度等物理条件，为老年人的居住营造舒适感。同时要考虑老年人对私密性的心理需求，尽量为其提供安静、稳定、少噪声、少干扰的休息空间。从某种意义上来说，老年人心理与生理是相互影响的，心理健康与否会影响其生理功能的退化进程，老年人的心理变化如果疏导不当，会对其身体健康不利，焦虑、猜疑、嫉妒和情绪不稳定是老年人常见的负面心理，严重的还会患上抑郁症。作为老年人最主要的生活空间，良好的居住环境设计对改善其心理感受、提高其心理健康具有重要的意义。

8.4.3　老年人的生活习惯与居住环境需求

老年人生活自主性提高、自由时间增多、活动范围扩大、可从事的活动日益丰富，呈现出多元化的特点。与健康养生有关的活动，如晒太阳、散步、慢跑、爬山、打太极拳、打乒乓球、练剑、练操、跳舞、放风筝等；与休闲娱乐有关的活动，如看书、看报、下棋、上网、打扑克、搓麻将、养花、养宠物、写书法、画画、唱歌、唱戏等；与家居生活有关的活动，如买菜、做饭等家务劳动和带孩子等；与社会工作有关的活动，如部分老年人退而不休，继续从事写作、学习、咨询等工作。上述活动中，除了部分与锻炼有关的活动在室外，其余活动则主要在室内进行。因此，老年住宅设计需要为这些活动提供合适的空间环境，如老年人定时起居、定时外出有利于其身心健康，住宅中按照生活流程合理安排家具和设备位置，可以简化老年人的活动路线。再如老年人的日常生活既需要保证一定的私密性，又需要扩展一定的集聚性。一个家庭中，夫妇二人也可能一个喜静、一个喜动。住宅设计中应该针对这一特点注意做好内外、动静分区，为老年人提供一定的安静空间。其次，为了保证老年人的身心健康，必要的社会活动是值得鼓励的。在住宅设计中亦应提供一定的活动空间，如棋牌室等，方便老年人灵活使用。

8.5　基于适老化理念的居住空间设计原则构建

8.5.1　安全性

安全性是老年住宅设计的基本保障。因此，居住设计的安全性原则不仅要针对老年人生理状况，减少环境障碍，避免不安全因素的出现；而且要针对老年人心理状况，合理组织空间关系，方便护理照料，改善老年人的孤独感与危机感。老年住宅设计安全性的原则应着重从以下几个方面考虑。

（1）规划布局通达便利　在居住区规划中，老年住宅楼栋或单元应布置在对外交通、购物、休闲等活动均快捷、便利的位置。一方面可方便老年人外出活动；另一方面，在发生紧急情况时，也便于救护车到达和医护人员及时对老人实施救助。

老年住宅宜采用多层住宅建筑形式或布置在高层住宅建筑的低层部分，以便老年人在紧急情况下能够较为迅速地安全疏散。

（2）空间形式减少高差　针对老年人肢体力量衰退、行动能力下降的生理特点，老年住宅宜选用平层套型，以减少老年人上下楼层的体力消耗，亦可避免其在上述活动中出现摔倒和受伤等危险。对于别墅类住宅、复式住宅或错层式住宅，宜将老年人卧室、起居室、餐厅、厨房和卫生间等主要生活空间布置在同一层，减少老年人上下楼的频率。

实现无障碍入户，如单元出入口、门厅、楼电梯、公共走廊等空间的尺寸、形式、坡度和地面处理均应满足无障碍设计要求。方便老人和轮椅使用者的要求；消除地面高差，地面存在高差不仅影响户内通行的顺畅，亦存在很大的安全隐患。较小的高差不易被老年人察觉，容易出现磕绊、摔伤等意外事故；高差超过15mm时，则会对行动不便和使用轮椅的老年人形成通行障碍。因此，应尽量消除户内各空间交接处的高差。例如，不同铺装材料施工时可通过调整厚度进行找平，避免高差的产生；卫生间、厨房和阳台等处的过门石或地面压条，可通过对其进行抹圆角或八字脚等方法处理好过渡关系。此外，针对户内高差有变化的部位，还应通过明显的色彩变化等方式提示老年人注意。

（3）交通空间保持顺畅 老年人视力衰退，对障碍物的识别能力与反应速度均有所下降。避免过于曲折复杂的交通路线给老年人通行带来障碍。同时户内走道两侧的家具和墙体上要避免出现形体锐利的突出物和挂件，以免老年人被其钩到或擦伤，造成身体伤害。此外，还应注意地面上低矮物品如脚凳、箱子等的位置，避免摆放在交通路线上绊倒老人。

（4）重点空间动线洄游 洄游动线是指住宅内各空间之间形成可以回环往复的动线。老年住宅户内的"洄游动线"一般应设置在重点空间之间，如起居室和卧室之间，起居室、卧室和阳台之间，起居室、卧室、书房和阳台之间，卧室与卫生间之间和户内交通空间等在老年住宅套型设计中，通过对各室之间的开口数量和位置进行巧妙调整，可形成丰富的洄游动线。洄游动线不仅有助于丰富室内空间，还为老年人提供了户内空间联系的多路线选择，同时对改善户内通风采光，增进视线、声音联系具有重要意义。

洄游动线可方便老年人自由选择到达各空间的路线，有利于缩短老年人在各室之间的行走距离，降低老年人发生意外的概率。救助人员可以通过"洄游动线"上的另一个入口进入该空间进行救援。对于使用轮椅的老人。可以利用"洄游动线"作为转向空间，方便地通行。促进声音通达，由于"洄游动线"的开口，使得相邻房间的声音可以被听到，若老人在房间中有特殊声响，家人可以及时发现并给予帮助。

（5）视线、声音加强联系 造成老年人心理安全感低的一个重要原因在于担心突发病或摔倒时无法自救，或者呼救时因为别人听不到、看不见而无法得到及时救助。因此，在老年住宅设计中除了在重点空间（如卧室和卫生间）安装呼叫器之外，亦可通过针对性的户内空间设计增强视线和声音的联系，使老年人的状况与呼救能够顺畅地传达给别人。如为了方便老年人与家人或护理人员之间的相互照应，老年住宅户内主要生活区如起居室、餐厅等空间宜采用开敞式设计，使视线和声音能够直接通达，方便家人和护理人员在做其他事情的同时照看老人。

8.5.2 实用性

老年住宅设计不必盲目追求大而奢华，而应着重体现实用和方便特点。即通过合理安排空间布局，提高有限面积的使用效率，优化日常行为动线。老年住宅实用性原则着重从以下几个方面考虑进行设计。

（1）合理配置空间尺度 如何在方便老年人使用的前提下，做到充分利用空间，提高使用效率显得非常关键。按需分配各室面积：老年重点空间呈现出"四大一小"的特点，即卧室大、厨房大、卫生间大、交通空间大、起居室相对较小。厨房和卫生间等功能空间的相对放大可以增加活动空间，使护理人员和轮椅方便进入，交通空间应适当放宽或对关键的交通节点局部放大，便于轮椅转圈和担架转弯，起居室不必过大，保证老人看电视有合理的视距即可，餐厅、起居室也可以连通以节约空间。因此，老年住宅的厨卫空间可比普通住宅增加1～2平方米，卧室进深、面积也应适当加大。但不一定要增大套型整体面积，可将起居空间节约出的面积匀给厨卫、卧室、走廊，使套型各空间的面积分配更为合理。

（2）提高空间使用效率 设计中可通过一些巧妙的空间重叠处理，如借用公共交通空间，延展各室实用空间范围等技巧来满足老年人使用的需要。例如，当卫生间内空间不足时，可通过安装折叠门或门帘，利用外部走廊进行轮椅回转；当住宅走廊较宽裕时，可在两侧摆放储物家具，使通行空间与储藏空间可以复合利用。

（3）考虑轮椅通行空间 部分老年人由于生病或身体虚弱等原因导致行走困难，需要借助扶手或利用轮椅；同时，一旦老年人发生急病，紧急救护时担架也需要在户内通过和转弯，上述活动对于住宅户内空间的形状和尺寸要求较高，也是老年住宅套型设计的难点之一。考虑到安装扶手的需要，同时为了保障轮椅在住宅中通行的顺畅性，因此老年住宅户内交通空间需比普通住宅宽一些，门洞的宽度也需要相应增加，以方便轮椅通行以及急救时担架的出入。为了方便使用轮椅的老年人开启房门，并兼顾护理人员推行轮椅的重点空间及门的内外侧，如入户门外的公共空间、门内外侧和阳台等处，均需要预留轮椅回转空间，老年人能方便地选择行进方向。

8.5.3 适老化

设计师在设计养老建筑空间时，应当对老年人的身体特征进行充分考虑，对其行为进行了解，为了使老年人更便利地使用一些设备，设计师应科学设计家具、休憩空间。另外，对于视力不好的老年人来说，在灯光照明方面应当科学设计，比如，选择高照度、高度均匀的灯光照明，其能有效避免老年人产生炫光，有助于保护老年人的视力。另外，为了提高老年人居住环境的舒适性，可将降噪吸声的材料应用于建筑空间设计中，以此使老年人的居住环境更加安静，达到减少噪声的效果，从而提高老年人的生活质量。

8.5.4 无障碍

由于老年人行动不便，部分生活无法自理，为了使老年人居住环境的实用性得以增强，应当将建筑空间中的障碍进行排除或减少，比如，在建筑设计中最大限度地减少台阶数量，降低楼梯坡度和入口台阶坡度，并在其两侧设计扶手，供老年人行走支撑，避免摔跤。结合实际种植类型多样且密度适宜的绿植，以此方便老年人的日常活动，使其拥有良好的视觉体验。对于有视力障碍的老年人来说，为了减少他们的障碍，可将引导标志应用于设计中。

8.5.5 灵活性

老年人的身体状况随着年龄的增长不断变化，生理功能衰退逐渐加重，一般会经历从健康自理到半自理、再到不能自理和长期卧床等不同阶段。为了适应老年人不同阶段的身体特征，满足老年人不同阶段对于居住环境需求的变化，住宅设计应该注重灵活性的原则，即在住宅设计时预留一定的空间灵活度，以便在日后的使用中根据老人身心需求的变化进行改造。

采用框架结构增加自由度，例如，同一栋楼不同层作不同功能使用；调整住宅套内房间数量，增加子女卧室或保姆间；改变各室范围，为无障碍通行提供条件等。注意管井位置的设置不要影响日后改造。

利用轻质隔墙便于空间调整，老年住宅部分重点空间采用轻质隔墙进行分割，可方便日后对隔墙进行拆除或移位等改造，调整空间满足老年人生活需求的变化。

8.5.6 健康性

健康性是老年住宅设计的重要目标之一，设计良好的居住环境有利于改善老年人身体状况，提升其心理满意度，使老年人保持身心健康。老年住宅健康性原则的重点是为老年人创造阳光充足、通风流畅、景色优美的居住环境。

8.6 老年人居住空间设计

俗话说"家有一老如有一宝",随着时间的流逝每个人都会老去,父母年纪大了以后生活上会没那么利索方便,所以在家居装修布置中,有老年人的家庭要充分考虑老年人生活的家居需求,给父母布置舒适的老年人房。那老年人居住空间注意事项有哪些呢?

8.6.1 居室空间

老年人的年龄比较大,身体素质也相对比较弱,其活动范围相对减小,日常的生活起居主要是卧室。

(1)光照充足 围绕适老化理念,应确保养老建筑空间有足够的阳光照射。因此,对老年人卧室朝向的设计需要朝阳,以此能够获取充足的阳光,使其日常生活更加舒适、健康。对于光照要求方面,冬日日照应当在 2 小时以上,老年公寓卧室窗地比应在 1:6 以上,建议设置阳台。同时需要根据老年人的实际需求,对获取的阳光强度进行分析,适当调整建筑构件,使建筑能够达到一定的光感效果。

(2)隔音要好 卧室在确保足够的空气流通的同时,要做好隔声的设计,避免噪声影响老年人的睡眠和生活质量。老年人的一大特点是好静。对居家最基本的要求是门窗墙壁隔声效果要好,不受外界影响,要比较安静。老年人的身体特点,一般都有体质下降,有的还患有老年性疾病即使是有些音量较小的音乐,对一些老年人来说也是"噪声",更不要说本身就属噪声的碰撞喊叫声了。

8.6.2 阳台空间

适老化理念的养老建筑空间设计中,设计人员还要充分认识到阳台设计的重要性。阳台的存在对于老年人而言是极其重要的,老年人大多行动能力较弱,且有一些老年人外出活动受限,因此,距离居室较近的阳台成为行动力差的老年人的最佳活动场所。设计人员在进行阳台设计时,要注意阳台地面无门槛、无障碍物等,确保使用轮椅、拐杖等行动工具的老年人能顺利通行。阳台的设计还需要考虑到季节变换产生的风向问题,阳台设计要宽敞开放,让老年人能够拥有室外环境的体验感。由于老年人害怕阴冷,所以阳台空间有助于满足老年人对日照、锻炼身体等活动的需求，室内空气易于流通，还可以通过花草种植、沐浴日光的方式陶冶情操，能够有利于老年人的身心健康。如图 8-2。

图 8-2 适老化阳台空间

8.6.3 卫生间

适老化理念的养老建筑空间设计细则中，养老建筑卫生间地设计也是重要设计任务之一。卫生间是人们居住空间中的重要部分，由于老年人的年龄较大，腿脚存在不方便的现象，且卫生间的环境比较潮湿，是老年人发生安全事故最多的空间，因此，设计师在居室设计时应当考虑到老年人的生理特点，科学合理地设计卫生间，以此为保证老年人的人身安全奠定基础。卫生间设计应注意这几点：①为了方便老年人进出卫生间，应注意卫生间总体布局，居室之间的距离不能太长；②卫生间出入口应注意将高差消除，最好采用推拉式、折叠式的门，其目的是老年人乘坐轮椅进出更加便捷；③卫生间内部的空间应当足够大，应满足轮椅回转的位置，为了防止老年人出现安全事故，应将防滑技术应用于卫生间设计中，设置人性化扶手，以此使老年人的生活更加方便。❶

如图 8-3 所示：如厕区，老人便溺及处理污物的区域，应着重考虑扶手、紧急呼叫器等辅助设施的设置，注意留出轮椅使用者和护理人员的活动空间。盥洗区，老人日常洗漱的区域，应保证老人能坐姿操作，并有适宜的台面和充足的储藏空间。家务区，老人进行洗衣及刷洗清洁用具等家务劳动的区域，应有放置洗衣机和换洗衣物的空间，同时要考虑洗涤、清洁用具的存放位置。

考虑老年人乘坐轮椅时的膝盖高度，宜选择壁挂式洗手台，洗手台下方预

---

❶ 魏东彤.基于适老化理念的养老建筑空间设计 [J].城市建筑，2019（26）：126-127.

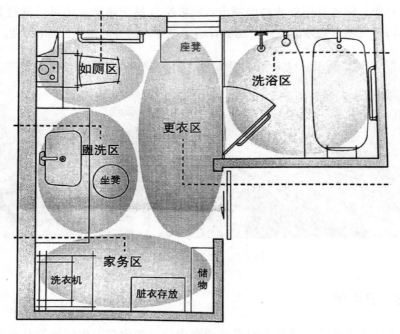

图 8-3　适老化卫生间设计

留大于 650mm 的活动空间，方便老年人使用轮椅时贴近台面进行操作（图 8-4）；台面应做 0.5～1mm 高的防水边处理，避免水滴落到地面，防止老年人滑倒；洗手台内部采用平底水池形式便于老年人用盆接水，顺应老年人日常生活习惯；做好固件预埋，针对站立不稳、需要支撑的老年人，在盥洗台前预埋改造固件；避免使用可开启的镜箱，盥洗区应当有数量充足的储藏家具，为老年人日常取用和储存洗漱用品，根据便携性原则，常用物品宜放在老年人伸手即可取放的范围内；洗手台上方设置 LED 隐形灯带的镜面，镜面可调节范围在 5°以内，恒温功能防止镜面起雾，方便老年人站姿或坐姿使用，镜前灯有效消除传统顶光灯造成的面部阴影，避免老年人因光线不足的情况下影响安全，有效避免老人跌倒与意外的发生。

　　便溺区：①考虑到老年人腿部肌肉退化，坐便器座面与垂直平面之间应大于 90°，以免出现老年人起身支撑力不够或因久坐造成的血液不循环等的危险，防止出现跌倒等意外。②便溺区坐便器的高度应在 420～450mm，需要预留智能坐便器电源，选择智能坐便器可便于老年人如厕后清洗；墙面应设有 L 形、U 形扶手，距地 700mm，协助老年人起身、坐下、转身及站立，老年人左右手肘撑开的宽度为 760mm，因此，在满足 1500mm×1500mm 的轮椅回

图 8-4 适老化洗手台设计

转需求基础上为护理人员预留不小于 500mm 的协助空间。

淋浴区：①卫生间选用推拉门，宽度应该＞750mm，避免影响卫生间周围空间的使用，同时卫生间地面应防滑，内外地面应做无高差处理。②淋浴区内配置固定或可移动的助浴凳。座凳应考虑老年人的平均身高与腿部肌肉的退化，高度为 450mm，宽度为 400mm；同时设置紧急呼叫按钮及拉绳，呼叫按钮距地 500mm，拉绳自然下垂后距地 100mm，老年人在倒地后仍可用拉绳进行呼叫求助。③淋浴区热水出水采用冷热水混合装置，如恒温阀或恒温水龙头，热水供水温度为 60℃，回水温度为 50℃，出水温度设定在 45℃ 以内，确保老年人淋浴时水温的恒定与舒适，防止突发热水的烫伤。在需要使用采暖设备等地区还应设有排风扇等通风装置，见表 8-1。

表 8-1 适老化淋浴区设施要求

使用者		门净宽/mm	厕位	浴位		洗漱位	轮椅及护理用空间
				淋浴	盆浴		
自主期老人		650～700	留出设抓杆的位置				—
介助期老人	使用抓杆、杖类及助行器	650～700	设置抓杆	设置抓杆及座凳	设置抓杆座位或座位板	设座凳	—
	使用轮椅	750～800				—	需要
介护期老人	使用抓杆、杖类及助行器	750～800				设座凳	需要
	使用轮椅	750～800					需要

适老化理念的养老建筑空间设计中，细节方面的设计也需要引起设计人员的充分重视。例如为了降低老年人在室内、室外意外事故的发生率，应当注意

不能采用有尖锐的锐角空间元素。房门的设计，可以采用个性化的设计方式，便于记忆力不好的老年人对自己的房间进行记忆；窗口设计时，可以通过下拉式窗口的使用，降低老年人跌落风险；建筑高度方面也要注意避免顶棚过低的现象，否则老年人容易产生压迫感。

8.6.4 公共空间适老化设计

（1）社交空间 围绕适老化理念组织养老建筑安全设计工作时，要结合老年人年龄大、孤独感强烈等特点，确保建筑设计可以使老人年生理需求获得满足的基础上，提供各层次人际交流空间。老年人的老年生活，儿女陪伴的时间都比较少，儿女一般都在外工作，很少能回家陪老人，老年人随着年龄的不断增长，身体素质逐渐减弱，内心也是十分孤独的。要适当地进行社交活动才能够有效缓解内心的空虚，在进行老年人建筑的设计中，需要对社交空间进行合理调整，能够便于老年人进行集体交流活动。

例如，在餐厅的设计中，老年人会聚集一些朋友聚餐，可以边对话、边用餐，这样有助于消除彼此的陌生感、孤独感，增加感情交流，缓解内心的孤独感，如小型的就餐形式能拉近就餐者之间的距离，在餐厅中可选择小餐桌、小合围形式布置空间，增加用餐空间亲密度，让老年人可以在放松的状态下边交流、边用餐，营造融洽的就餐氛围，能够使就餐者感受到家的温暖。这样可以减少内心的孤独，也是对老年人最好的护理，促进老年人之间的有效交流。

再比如，某些老年人生活自理能力差，活动范围有限，因此设计人际交往空间时，应基于安全性原则，做好空间尺度、色彩的针对性处理，如在走廊等公共交通空间安装座椅、护栏、防滑地砖等，在保证安全的前提下供老年人休息、交流。

（2）娱乐空间 适老化理念的养老建筑空间设计细则中，娱乐空间的设计也是关乎老年人切身需求的一大设计工作。老年人群的特征不仅仅是身体功能的老化，同时自身社会角色感也在不断下降，因此，老年人容易感到失落，内心易产生空虚感，在生活中孤独感较强。针对这一问题，在建筑的设计中，需要增设相关的娱乐空间，能够满足老年人在精神方面的需求。例如，在养老建筑空间中可以设立阅读体验室、各类体育活动体验馆，同时还可以合理地开展一些绘画、摄影展等业余爱好活动，丰富老年人的业余爱好。在活动室内安装安全护栏、扶手、防滑垫等设备，在保证安全的前提下，满足老年人的娱乐需求。老年人在这里找到自己的兴趣爱好，能够增加老年人的心理愉悦度，丰富老年人的日常生活，对老年人的身心健康发展有着十分积极的作用。如图 8-5。

图 8-5　适老化公共空间

（3）通行空间　在设计养老建筑通行空间时，必须坚持"安全性"原则展开设计。因为老年人身体功能退化，一旦室内外高差明显，老年人可能被绊倒受伤。所以，在建筑地面设计时，要保证交通空间高度的一致性，要选择防滑材料铺设地面。若无法规避高差问题，应设计坡面连接，并安放鲜明的提示牌。应将缓坡楼梯安装在垂直交通空间中，交通通道两侧应安装扶手，踏面前缘应控制在 3mm 以内，并涂上醒目颜色；要安装一部能放置担架的电梯，以备突发疾病的老年人不时之需。同时，在楼梯、玄关等通信空间，应安装安全扶手，建筑内走廊宽度应≥1.8m，两侧要安装扶手。建筑进门大厅属于老年人聚集场所，所以在门厅安全设计中，要科学设计功能分区。在设计养老建筑门厅位置时，可将门厅与办公区、服务台连接到一起，方便老年人和服务工作者的交流，还可在服务台旁设计打造任意沟通空间，营造浓厚的邻里气氛。

　　适老化理念的养老建筑交通空间设计中，走廊是重点交通部位。设计人员要将走廊的主要作用，例如通行、疏散、交流及临时休息停留等功能充分发挥出来。走廊的设计一定要结合老年人的生理需求及活动特点，将走廊空间尽量设计得宽敞，保证休憩座椅设立的空间需求，同时，还要保证走廊的疏散功能，便于突发情况发生时进行人员疏散。

　　考虑到老年人日常有逗留活动的特性，需要对老年人日常通行的楼梯和电梯进行优化设计，楼梯间的设计需要满足日常的正常疏散和无障碍通行，做好符合老年人实际需求的设计，要确保其实用性。例如，在楼梯中设立休憩座椅，让爬楼梯的老年人感到劳累时有临时休息的地方。另外，楼梯间建筑棚顶的设计不能太低，否则会给老年人造成一定的心理压抑感，不利于老年人的身心健康。在电梯的设计中，设计人员要将电梯进行软装饰，减少老年人因磕绊带来的损伤。需要保证电梯厢的宽敞，便于轮椅进出，电梯内能够同时容纳多人乘坐，还要在电梯内老年人所能触及的地方安装紧急求救按钮，并安装监控设施，能够及时解决老年人遇到的问题。

8.6.5　医疗保健空间

　　老年人的年龄增长，各项身体功能退化比较快，身体各项指标都达不到健康标准，容易出现疾病的困扰，再加上许多老年人就是带着疾病入住养老机构，因此，医疗保健空间是适老化建筑空间中必备的重要空间，是老年人身体健康的重要保障措施，为老年人的正常体检、疾病诊断、特殊照料等需求提供保障。该空间主要是对老年人的常规健康进行检查，特殊老年人则可以通过该空间进行个人护理。医疗保健空间的设计需要按照一定的医学基础进行布局，保健空间需要单独设置，卫生环境要相对较好，室内诊疗环境设计得整洁、幽静，同时做好对该空间的清洁维护，医疗保健空间的设置要淡化医疗感，要给老年人留有一种亲切的治疗环境，让老年人能够始终保持良好的心情。

　　总而言之，适老化理念在老年建筑空间设计中有着十分重要的作用，设计人员在设计过程中应当考虑到老年人的心理需求，科学合理的养老建筑空间设计直接关系到老年人的生活质量水平，建筑空间的设计更加人性化，可以使老年人安全、便捷、舒适需求得以满足，有利于维护老年人的身心健康，更能使老年人安度晚年。

8.6.6　园林景观

公共养生景观可以唤起身体感官对于外界的感应，改善身心亚健康状态，延缓身体功能衰退，促进身心健康。基于老年人的感官特征可以进行有针对性的养生型景观设计。如图 8-6。

图 8-6　养生型景观设计

（1）视觉景观设计　由于视觉衰退，老年人视力和调节能力下降，对形体和色彩的辨别力下降，对强光、弱光的感受性明显下降，对强光敏感以及对亮光突变的适应能力减弱。不同颜色会给人带来不同的心理感受，进而影响人的身体状态。

在养生型景观设计中，可通过颜色的不同色调、不同对比度的差异刺激，针对老年人对环境的需求特征区别设计。例如为了提高物体的可视度，在标志牌、座凳、栏杆等的设计上，里面使用的字体适当放大、图案尽量简单、色彩对比强烈；为了防止老年人因记忆下降而迷路，道路交叉路口的铺装和建筑外墙装饰等可以采用色彩鲜艳、对比强烈、图案独特的设计以强调方向性。人的眼睛可以根据周围环境光线变化进行自动调节，由于老年人对强光、弱光的感受性能力明显下降，视觉适应力较弱，因此在进行空间设计时也需要注意这一点。在进行景观序列安排时，由光线黑暗的空间到光线明亮的空间之间，需要设置过度的灰色空间，让老年人的视觉有一定的适应过程，以免光线变化较大形成短暂失明造成危险。如图 8-7。

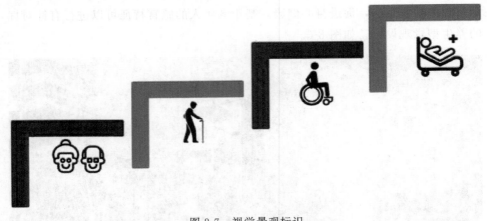

图 8-7　视觉景观标识

（2）触觉景观设计　老年人对外界产生的刺激信号反应迟钝，对温度升降、湿度变化、疼痛刺激、触觉应激反应下降。因此在设计时需要更注重舒适性和安全性。材料是景观设计的物质载体，不同材料的质感和不同的处理工艺给人带来的触觉感受亦不尽相同。如户外步行地面使用的花岗岩等铺装材料需要进行防滑处理；健身活动广场需要使用具有缓冲作用的塑胶地面；散步健身道可使用鹅卵石铺装，进行脚底按摩保健。低矮处的植物不要选用枝干带刺、树叶锋利或是有毒有害的，以免对人体造成伤害。

（3）听觉景观设计　听力下降、听觉清晰度减弱等症状降低了老年人同周边环境的联系，影响了老年人的沟通交流。较高分贝的噪声也会对老年人生理上和心理上产生不良影响。因此，老年人需要相对清静的环境，在交流时更有利于听清对方话语，在休息时也可以提高睡眠的质量。然而在现代城市环境中，每天都充斥着各种噪声，使人烦躁不安。大自然的环境，潺潺的流水声、清脆的鸟叫声、微风吹动树叶的嘶嘶声，都可以舒缓情绪压力。在进行景观设计时，一方面，要善于利用地形、植物、湖泊等自然要素营造出安静清幽、生态自然的养老环境；另一方面，可以考虑利用特殊材料设计的水景设施，使其能发出悦耳的声音，或是设计能够播放音乐的趣味小品。如图 8-8。

（4）嗅觉景观设计　在景观环境空间中，植物是不可缺少的自然元素，为整个空间赋予了生命力。植物所散发出来的气味可以改变整个空间的氛

图 8-8　适老化园林景观

围。《神农本草经》里曾记载"闻香治疗"。众多的研究表明，许多芳香类植物具有养生保健的功效，通过嗅觉神经刺激大脑，给人以良性激发，进而使人的身心状态朝着健康方向发展。例如，薰衣草可以使人精神放松、有助睡眠，鼠尾草气味有助于调节血压，天竺花香有镇定神经、消除疲劳的作用，茉莉花香味可以减轻头痛、头晕等症状，丁香香味有助于治疗哮喘病，兰花的幽香能解除人的烦闷，使人心情爽朗。此外，自然环境中弥漫的空气、泥土、雨水、草地的气味，都可以让人有亲身感受大自然的体会，有助于形成自然生态的环境氛围。

（5）味觉景观设计　提到味觉，人们第一想到的会是食物中酸、甜、苦、辣、咸的味道。而景观中的味觉主要是人与景观之间关于食物的互动。例如养老度假村中各式的养生美食馆、田园景观中的农家乐等，都是味觉景观的体验。在景观设计中，可以布置一些蔬菜瓜果种植采摘园，让老年人可以品尝到新鲜采摘的田园绿色生态食品。除了直接型的味觉景观外，还可以采用通感型味觉景观，通过人们的联想和回忆感知味觉，正如成语"望梅止渴"一般，提到梅林，就给人以甘酸之感。例如许多人看到绿油油的艾草，闻到艾草特殊的香气，就会想起清明时节家里的过节食品艾草粑粑；每到八月桂花盛开，看到满树金色的桂花，闻到桂花香甜的气味，可能会让人联想起儿时吃到香软甜糯

桂花糕的味道。通过联想勾起人们内心的欲望与记忆。❶

8.6.7 适老化居室空间色彩设计

优化养老机构中的视觉环境不仅能够调节入住老人的情绪，还有利于老人慢性病的治疗和康复，因此，科学合理的色彩设计不仅是视觉享受，也能为老人带来良好的治愈感受，形成隐形照护效果。

（1）通过色彩环境改善老年人心理 根据老年心理学选择治愈性色彩所承载的文化内涵与国家民族的历史与传统密切相关。因此，在特殊空间的色彩选择上应结合文化底蕴选择对应含义的色彩，同时考虑心理学因素，使情绪的传达得到强化。在养老机构的老年居室中应使用温馨、解压的色彩组合营造氛围。美国的一项医疗实验证明色彩对疾病的治愈具有重要作用。例如，暖色系中黄色可以使人更容易获得自信，橙色可以使人感到活力与激情，红色会加速人体的血液循环，但容易产生焦躁不安的情绪，冷色系中的蓝色与紫色可以有效缓解疼痛等病症，绿色可以缓解紧张与视觉疲劳（表8-2）。因此，在老年人的居室适老化设计中需要根据老人的生理特征合理科学的对居室空间的色彩进行设计。如图8-9。

表 8-2 色彩对老年人的影响

色相	生理感受	心理联系
红色	刺激神经 血压升高 血液循环加快	温暖、喜庆、焦虑、不安
橙色	有助于钙质吸收 诱发食欲 利于健康	轻松、活泼、温馨、热烈
黄色	刺激神经和消化系统 提高逻辑思维	快乐、希望、温暖、高贵
绿色	缓解视觉疲劳 降低食欲 消除消极情绪	宁静、健康、安全、平和
蓝色	有效缓解疼痛等病症 有催眠作用	清爽、专业、理智、平静
紫色	安抚运动神经和心脏 缓解疼痛	神秘、解压、压抑、伤感
黑色	使老年人镇静 对老年人起到安定作用	深沉、寂静、压抑、神秘
白色	有助于血压平衡 神经和情绪得到安抚	朴实、纯洁、快乐、解压

（2）根据空间功能选择和谐的色彩关系 养老机构中的居室空间具备睡眠、休息和部分日常起居活动的功能，因此在空间主题色的选择时应以淡雅的中性色调为主，减缓视觉疲劳，使老年人感到安宁感的同时考虑增加空间整体

---

❶ 林艳云.芳香植物在园林绿化中的应用 [J].科技创新导报，2009（28）：123-124.

图 8-9 色彩在空间中的表现

亮度，营造出明快的氛围。空间内的墙面、地面与顶面色彩应相互呼应，通过三种色相对空间色彩进行合理分配，形成整体统一的色彩层次。家具等主体色建议选择中彩度、中明度的暖色系营造温馨的氛围，点缀色如装饰、陈设与个别家具可以选择主体色的对比色系，丰富空间色彩层次，地面选择中性色维持空间平衡感。最后需要避免色彩种类过多产生的空间颜色混乱、无视觉重点的现象。

（3）通过色彩环境改善居室空间效果 利用色彩对比降低老年人的视线错觉，错觉和幻觉是老年人因视力退化而引发的常见反应之一，因此充分利用色彩的物理性和色彩对人的心理反应，可在一定程度上改变空间尺寸、比例，达到优化空间效果的目标，在空间转换和高差处采用对比明显的色彩关系增强空间的立体度、高差感与进深感，有利于老年人辨别空间轮廓，从颜色及材质上强化地面与墙面的对比关系，降低老年人由于视觉退化产生的空间距离感、立体感较弱的现象，避免由于不能准确判断物体远近和高低而引发意外跌倒的概率，保护老年人健康。❶

---

❶ 原林，王湘. 老年心理特征与养老居室设计［M］. 北京：中国建筑工业出版社，2019.

8.7 适老化设计实践与典型案例展示

8.7.1 设计实践

海棠湾的金五指——基于"黎族文化"的三亚国寿嘉园·逸景的规划设计（图 8-10）

设计师：彭建勋

三亚国寿嘉园·逸景项目地处三亚知名景区——海棠湾，是中国人寿开发的养老建筑综合体。

图 8-10　项目鸟瞰图

8.7.1.1 项目运用了通感设计思维——意的传达

该项目从形、声、闻、味、触、意多纬度着手设计。意境上诠释了"和"和"圆"的民族文化，突出了地方文化的象征性，同时提炼了当地文化符号和建筑语言（黎族的地方民居），传承并表达了地方文化，给老年朋友较强的"归属感"，是非常友好的体验化设计。

190

　　黎族是海南岛独有的少数民族，黎族村寨都依山傍水，村寨建在山坡上，一间间一幢幢的茅屋、竹楼，还有小河在村前流过，构成了一幅田园式的生活画卷。黎族民居因各个支系的不同而各具特色，通过民居的不同特点可以区分出支系。如杞黎以船形屋为代表，传统的船形屋高3～4m，宽2m左右。以竹木为架，茅草为屋顶。地下以木板或竹子为主，可以防潮。龟形屋是润黎所特有的。龟形屋远看像只乌龟，是所有黎式民居中较大的一种。屋呈圆形，主要以竹木为墙架。黎家茅草屋的搭建是非常有趣且十分原始的。首先，以竹木捆扎的方式，搭成屋的框架。然后，把选好的稻草根放在水里泡三天，等到腐烂以后与有黏度的红土掺和在一起，再把它一块一块捞出来，糊在搭好的竹架上。当"墙"修好后，就开始搭建屋顶。屋顶的主要用料是茅草和竹条。先用竹条把晒干的茅草一捆一捆夹好，运上屋顶后，再把一捆一捆的茅草间用竹条捆扎联结，这样屋顶就非常结实。无论是倾盆大雨，还是台风，都没有被风吹倒和漏雨的现象。屋顶的茅草1～2年换一次。

　　从黎族的传统民居的形式中汲取灵感，提炼出"曲面的船屋顶"的造型语言。整个建筑群的屋顶用曲面屋面进行覆盖，并用神似"竹架"的斜撑支撑；局部采用双层屋顶；每个屋顶的端头处做弧形出挑檐口；主入口采用双层叠加屋顶等。屋顶整体形态舒展开放，高低起伏富有动感的屋顶力图体现向上升腾的感受。层叠的屋顶形成丰富而生动的建筑天际线，形式新颖，富有视觉震撼力且具有生态建筑的神韵和海南建筑的风情。

8.7.1.2　视——建筑形体和景观空间融为一体

　　大胆运用新的建筑形态语言，形状似张开的"手指"，手指为建筑实体，"手指"之间围合成三个半开放梯形的院落，打造宜人的亚热带休闲游憩的庭院空间。景观庭院就是"楔形绿地"和建筑相互交织穿插，有机融合，较好地实现了生态主题。实体与景观交融，最大化地融入自然，具有景观和视野的均好性。"舒展的金五指"，隐喻着康养之"关爱之手"的愿景（图8-11、图8-12）。

8.7.1.3　触——屋顶选择中度暖色的木质感包板为主材

　　建筑采用精挑细选但数量有限的材质以烘托一种恬静的感觉，以体现富于表达又欲言又止以融入自然为主的设计理念，运用尽可能少但精选的最好的材料以获得典雅、生动并宁静的效果。外墙面主要用浅棕和深棕色的涂料上下搭配，依附于墙体主体上的壁柱采用淡棕色硬木材质，上部做木条斜撑造型，力图营造出与绿色植被强烈的色彩对比效果，同时在水面也形成光鲜的倒影。同样的木材质运用到门窗、地板和家具中。建筑的基座采用粗糙毛石贴面,涂料与粗石块垒砌的墙面形成强烈的质感反差,建筑形成一种稳固的感觉。

图 8-11　效果图

图 8-12　夜景效果图

8.7.1.4　听——二层平台的"无边水池"的流水下泄形成"小瀑布"

潺潺的流水声,是回归自然的听觉元素。

8.7.2　养老项目优秀案例分析

8.7.2.1　案例一:19 栋退休工人服务公寓

为了让退休工人搬入公寓的规定更加有吸引力,建筑师在这项设计中尝试着去营造一种健康的气氛，或是创造一个假日胜地的形象。为了达到这个目的，项目提供了可以让住户相互接触的空间，这包括内部花园（D·Vandekerkhove设计），一片木制的铺地以及一个交往空间。健康或假日胜地的形象对于这个项目至关重要，建筑师借鉴了 Kurort of Marienbad in Tsjechie 的黄色粉刷和比利时海岸边那些像储物空间的海滩小屋。G·Bekaert 教授在《寂静的奢侈》一文中写道："所有的东西都有一种不言而喻却远非普通的轻松。建筑散发出一种宁静而奢侈的气息，显示了建筑整体上的高品位。在村庄粗糙的外观中，建筑证明了所有应有的谦虚只是一种对场地有意识的占有。"❶

　　建筑在斜坡上放纵着自己的形体，以曲线形式环绕了一排老树。由于街道和场地之间的高差，建筑师营造了一个可以到达两个层面的斜坡，并将建筑体量面向街道的立面做得很谦逊。对两层采用不同的材料来强调这一点：地面层以砖铺地，犹如基座，其上的另一层则粉刷成亮色。如图 8-13。

图 8-13

❶ ［西］Arian Mosteadi. 老年人居住建筑应对银发时代的住宅策略 [M]. 杨小东，钟声译. 北京：机械工业出版社，2007.

图 8-13　19栋退休工人服务公寓

8.7.2.2　案例二：欧文综合体

设计者：Cees Dam & Partners

建造地点：Diemen，荷兰

摄影者：Rien Van Rijthouen

欧文综合体拥有 27 套老人居所，与建筑师 Holt 于 1960 年设计的老人之家相邻。多层次的立面保证了一条斜向视线在新建筑内部延续。圆形的建筑形式不但与老建筑形成对比，还与自身的一些直角结构形成对比。建筑背面的主入口比地面抬高了半层，并通向一个通透的内庭广场。内庭中包含了楼梯和电梯，是进入居住单元的入口。封闭的后墙被位于一面玻璃墙边、以白色面砖装饰的楼梯间打断，展现了内庭院的景观。这栋综合体由五个居住楼层组成。其中有四层的平面完全一样，每一层都有六套各不相同的居所，第五层为三套白色的屋顶公寓。如图 8-14。

图 8-14　欧文综合体

8.7.2.3 案例三：新加坡康养花园

随着老龄化问题的加剧，老年人的生活质量受到全社会的关注，园艺作为治疗与康复相结合的自然康养方式，充分体现以人为本、追求自然、实现身心健康的原则，如果在养老景观中加以重视，将会带来极大的社会效益。

新加坡是人口老化最快的国家之一。据统计，目前在新加坡，每 14 个人当中就有一名是 60 岁以上的人；预计到 2030 年，每 4 个新加坡公民中，就会有一个超过 60 岁。老龄人口的增加也让新加坡认知症患者与日俱增。国际失智症协会报告显示，新加坡已被诊断的认知症患者有 4.5 万名，预计到 2050 年，这个数字将增加 5 倍，达 24 万。为此，新加坡启动"老年痴呆症早期干预计划"，多方面对认知症进行管理。新加坡公园署承建的"康养花园"应运而生。这个花园针对认知症患者，坐落于新加坡海特拉巴路，由新加坡国立大学健康学院参与设计。

这个花园主要面向认知症患者及年长者。在这座花园中，有色、香、形不同的植物，结合不同的座椅，能观察到不同形状、颜色的花草，保证四季有不同颜色的花；水泥道路地面拓印了各色植物的叶子，因为老人经常是低头走路，因此地面铺装也很重要；还有叮咚响的泉水、活灵活现的小动物模型以及可供老人进行各种园艺手工活动的区域等。如图 8-15。

图 8-15　新加坡康养花园

　　康养花园项目主要运用了"园艺康养"意境疗法。园艺康养是指对于有必要在身体以及精神方面进行改善的人们，利用植物栽培与园艺操作活动从其社会、教育、心理以及身体诸方面进行调整更新的一种有效方法，其服务的人群主要是残疾人、高龄老人、精神病患者、智力低下者、乱用药物者、犯罪者以及社会的弱者等身体与精神方面需要改善的人。园艺康养的应用主要体现在园林景观观赏和操作性互动活动上，园林景观形象思维的时空性、全面的通感性和直观的物态性，对人体的心理状态和大脑皮质有良好的调节作用；园艺操作活动借由实际接触和运用园艺材料，维护美化植物、盆栽和庭院，通过接触自然环境而纾解压力、复健心灵。

　　为老年人设计的景观，要考虑到他们衰弱的身体功能，相应增加刺激的数量与强度；针对老年人行动能力变弱，要注意景观的可达性和无障碍设计，增设休息设施；对于老年人常见的各种病症，需要增加相应的氛围营造和空间配置，使他们减缓病痛、精神焕发。如图 8-16。

图 8-16　园艺康养在养老景观中的具体应用

8.7.2.4 案例四：新加坡大巴窑感官花园

大巴窑感官花园给不同年龄层次、不同身体状况的人提供了视觉、听觉、嗅觉、味觉和触觉的交互体验，让老年朋友感受到大自然的魅力。大巴窑感官花园很好地运用了通感设计思维法则，主要表现在：视觉区种植了各种颜色艳丽、色调不同的植物，形成繁花似锦的植物景观；触觉区配置各种质感的植物，公众可以触摸植物的叶片、花瓣、果实，体会不同植物的触感；听觉区设有各种水景设施与铺装材质，可以碰撞产生悦耳的声音，亦可靠近水景，倾听潺潺流水声；嗅觉区和味觉区则栽种当地果树和芬芳植物，如班兰叶、叻沙叶、罗勒和白姜等，置身其中，感受花香弥漫。此外，园中还设置了一系列能刺激感官、富有趣味的小品，如放松脚部的卵石地面、各种哈哈镜，以及产生回声的不锈钢罩等。如图 8-17。

图 8-17 大巴窑感官花园

8.7.2.5 小结

新加坡认知症患者人数众多，但大部分人对此只是一知半解，很多患者及家属都不知道他们已经患病，等到发现时病情已经很严重，从而影响了早期治疗。诸如此类的老年问题还有很多。

新加坡国立大学医院家庭科吴立言副教授是这项计划的负责人之一，她长期坚持用社区活动来治疗老年认知障碍症。她表示，这些社区活动看似简单，长期坚持能获得惊人效果，其中注意力锻炼最为有效。老年朋友在进行注意力锻炼时，要关注当下，不去想过去或未来的事情，同时调整呼吸，改善心情和心态。老年人管理好抑郁和焦虑情绪，可以帮助维持认知能力，减少失智症的发生，同时还能预防心脑血管疾病。

为此，新加坡组织了"认识认知症"科普活动。组织者通过户外展览、网络宣传等方式向大众普及认知症知识，告诉他们，失智不仅仅是健忘、乱放东西这些症状，情绪性格的改变、判断力下降、日常生活出现困难也都应引起注意。组织者还为社区中的老年人开办绘画、音乐、园艺和注意力锻炼等几项活动，每周开展一次。国立大学医院还对参与老年人进行了跟踪研究，发现连续参与活动3个月后，老年人的抑郁和焦虑指数均有所下降，社交能力和生活满意度指数都有所提高。在康养花园中，有色、香、形不同的植物，结合不同的座椅，认知症患者在这里能观察到不同形状、颜色的花草，四季也能看到不同颜色的花。花园中有专门的园艺手工区，认知症患者可以在这里接受园艺康养。研究表明，园艺康养主要包括两方面，一是园林景观观赏，能改善老年人的空间感，对心理状态和大脑皮质有良好的调节作用；二是可以动手参与，通过美化植物、做盆栽等增强动手能力，帮助治疗。

除此之外，新加坡对于认知症的干预治疗还有其他的方法。他们还设计了一系列互动性游戏帮助及早发现认知症患者，参与者可以通过网络与虚拟人物进行互动，根据线索辨别哪个人物是认知症患者。这个游戏获得参与者强烈反响，很多年轻参与者表示，他们今后会更加留心父母是否有这些症状。

参考文献

［1］ 屈贤多.传统文化视角下我国城镇养老模式探析［J］.劳动保障世界，2019，（06）：26-28.

［2］ 吴嘉祺.“以和为贵”——浅议儒家与道家关于“和”的思维对中国古代设计的影响［J］.山东工艺美术学院学报，2013（6）：88-91.

［3］ 乔宇.传统文化与现代审美结合下的圈椅再设计［J］.包装工程，2018（20）：231-234.

［4］ 刘智勇，贾先文.传统与现代融合：农村养老社区化模式研究［J］.江淮论坛，2019（03）：72-77.

［5］ 姜儒博.基于视觉传达设计中的适老性问题研究［D］.吉林：东北电力大学，2020.

［6］ 李巍.多元化视角下我国老年服务业发展趋势探析［J］.现代管理科学，2019（11）：60-62.

［7］ 仇广政，鞠洋洋，麦茂生.高密扑灰年画元素在老年人产品设计中的应用研究［J］.工业设计，2019（9）：132-134.

［8］ 彭亚丽，靳庆金.古铜镜与当代装饰设计［J］.文艺研究，2009（12）：160-161.

［9］ 张阳.浅议老年文化标志设计的特点［J］.大众文艺，2012（14）：88-89.

［10］ 孙毅，李冬宁.试论传统文化教育对老年人心理健康的重要影响［J］.中国老年保健医学，2019（3）：109-111.

［11］ 金虎，徐盛.图像学视野下的鄂州古铜镜纹饰研究——以《鄂州铜镜》为对象［J］.戏剧之家，2019（5）：111-114.

［12］ 曹晓燕.我国社会养老保障服务中的文化内涵建设之思考［J］.现代企业，2019（9）：97-98.

［13］ 林柳爽.以老年人感官特征为导向的餐具设计研究［D］.广州：广州大学，2018.

［14］ 国家应对人口老龄化战略研究总课题组.国家应对人口老龄化战略研究子课题总报告集［M］.北京：华龄出版社，2014.

［15］ 边燕杰，肖阳.中英居民主观幸福感比较研究［J］.社会学研究，2014（2）：22-42.

［16］ 黄圆.段玉裁《说文解字注》中有关古今字论述的考察［J］.安顺师范高等专科学校学报，2005：12-16.

［17］ 谷衍奎.汉字源流字典［M］.北京：华夏出版社，2003.

［18］ 刘大钧.周易概论［M］.济南：齐鲁书社，1986.

［19］ 罗西·布拉伊多蒂，阳小莉.后人类，太过人类的：迈向一种新的过程本体论［J］.广州大学学报：社会科学版，2021，20（4）：53-61.

［20］ 彭亚丽.混沌学与艺术气质［J］.新美术，2004，25（3）：68-69.

[21] 北京大学哲学系外国哲学史教研室.古希腊罗马哲学[M].北京：商务印书馆，1961.

[22] 吕不韦，陈奇猷.吕氏春秋校释[M].上海：学林出版社，1984.

[23] 蒋建梅.和谐的生命之美[M].南京：南京大学出版社，2015.

[24] 何善蒙.考辨精审视域宏阔——读黄大同先生《中国古代文化与〈梦溪笔谈〉律论》[J].文化艺术研究，2011（01）：57-65.

[25] 刘跃兵.从《系辞上》看《易传》的美学意蕴[J].大众文艺，2012（12）：157.

[26] 任继愈.老子新译[M].上海：上海古籍出版社，1978.

[27] 刘安撰.淮南鸿烈解[M].北京：中国书店，2013.

[28] 李泽厚.美的历程[M].桂林：广西师范大学出版社，2000.

[29] 左美云.智慧养老内涵与模式[M].北京：清华大学出版社，2018.

[30] 韩振秋，郭小迅.社区居家养老服务手册[M].北京：化学工业出版社，2020.

[31] 周明，王展.老龄化创新设计研究[M].南京：江苏凤凰美术出版社，2017.

[32] 陈根.决定成败的产品美学设计[M].北京：化学工业出版社，2017.

[33] ［荷］保罗·赫克特.审美决定品质——产品设计的美学评价[M].甘为译.北京：中国电力出版社，2020.

[34] 陈根.工业设计看这本就够了[M].北京：化学工业出版社，2017.

[35] 李庆德，马凯，陈峰.设计心理学精彩案例解析[M].北京：化学工业出版社，2020.

[36] ［日］西川荣明.日和手制·椅子[M].陈益彤，张家悦译.杭州：浙江人民出版社，2018.

[37] 李传文.设计鉴赏 设计美 学设计批评论[M].北京：中国建筑工业出版社，2016.

[38] 周晓江，肖金花，刘青春.产品系统设计-存在、改变与建构[M].北京：中国建筑工业出版社，2020.

[39] 荆爱珍，卢志宁.中国传统文化与创意设计[M].北京：机械工业出版社，2018.

[40] ［荷］库斯·爱森，罗丝琳·斯特尔.产品手绘与设计思维[M].种道玉译.北京：中国青年出版社，2016.

[41] 祝燕琴，宋姣.现代工业产品设计方法和技术[M].北京：化学工业出版社，2018.

[42] 董万章.中国人口老龄化时代的战略抉择[M].北京：中共中央党校出版社，2020.

[43] 李莉.老年服务与管理概论[M].北京：机械工业出版社，2018.

[44] 耿晓涵.当代视觉传达设计中的适老性问题研究[D].北京：中国艺术研究院，2016.

[45] 陆杰华，王馨雨.影响老年人视力健康的社会、经济及健康因素探究——基于2014年全国老年健康影响因素跟踪调查数据[J].人口与发展，2018（4）：66-76.

[46] 张婷.网页设计中视觉信息传达的科学性与有效性研究[D].西安：西北大学，2019.

[47] 郭津津.视力损害老年人生活质量与社区居家照护服务需求研究[D].开封：河南大学，2016.

[48] 于政坤.基于行为心理分析下的养老建筑空间色彩量化研究[D].济南：山东大学，2019.

[49] 卜陶，张健明.基于生理体征的智能养老产品适老化设计研究[J].大众文艺，2019（19）：137-138.

[50] 李泽.基于通用设计的老年人家用理疗仪操控界面研究[J].艺术教育，2018（16）：114-115.

[51] 何丽苹.基于网页设计的视觉信息传达有效性的研究[D].杭州：浙江大学，2005.

[52] 郑柳杨.基于用户需求的产品适老化设计研究[J].福建建设科技，2019（5）：13-15.

[53] 郑晓丽.教育游戏软件界面视觉信息传达有效性的个案研究[J].中国电化教育，2009（8）：

70-73.

[54] 侯洵.视觉设计中的通感研究[D].长沙:中南大学,2012.

[55] 童俐.以实现自我价值为核心的养老场所空间环境设计[J].美术观察,2019(7):74-75.

[56] 谭旭红.当新媒体艺术邂逅视觉传达设计[J].文艺评论,2010(4):81-83.

[57] 邵磊,曲文雍.发达国家无障碍发展趋势与借鉴[J].建设科技,2019(13):22-26,32.

[58] 张岱年,程宜山.中国文化精神[M].北京:北京大学出版社,2015.

[59] 魏华林,金坚强.养老大趋势[M].北京:中信出版社,2014.

[60] 许虹,李冬梅.养老机构管理[M].杭州:浙江大学出版社,2015.

[61] 张歌.城市居家养老服务资金保障研究[M].北京:中国社会科学出版社,2016.

[62] 周博,王维,郑文霞.乡村养老——世界养老项目建设解析[M].南京:江苏凤凰科学技术出版社,2016.

[63] 余源鹏.养老地产开发与运营模式解析——国内外典型养老地产项目开发与运营模式研究借鉴宝典[M].北京:化学工业出版社,2016.

[64] 杨敏.昆明市政府购买养老服务研究——基于循证政策制定的视角[D].昆明:云南财经大学,2010.

[65] 彭亚丽."共性"的生活"个性"的艺术[J].美术观察,2004(6):95-96.

[66] 雷圭元.怎样学图案(一)[J].装饰,2008(S1):9-11.

[67] 高志明.通感研究[D].福州:福建师范大学,2010.

[68] 周梅.书籍设计中的视触觉——从钱锺书的"通感"到杉浦康平的"五感说"[J].文艺争鸣,2010(4X):144-146.

[69] 陈宪年,陈育德.通感论[J].文艺理论研究,2000(6):34-39.

[70] 邓成连.触动服务接触点[J].装饰,2010(6):13-17.

[71] 服务设计.大咖说——王国胜[J].工业设计,2018(11):10-11.

[72] 辛向阳,曹建中.定位服务设计[J].包装工程,2018,39(18):封2,43-49.

[73] 白玫,朱庆华.智慧养老现状分析及发展对策[J].现代管理科学,2016(9):63-65.

[74] Stefania Zampatti, Federico Ricci, Andrea Cusuinano, et al. Review of nutrient actions on age-related macular degeneration[J].Nutrition Research, 2014, 34(2):95-105.

[75] Sophia Pathai, Paul G. Shiels, Stephen D. Lawn, et al. The eye as a model of ageing in translational research-Molecular, epigenetic and clinical aspects[J].Ageing Research Reviews, 2016, 12(2):490-508.

[76] Wang S W, Kaufman A E. Volume-sampled 3D modeling[J].Computer Graphics & Applications IEEE, 2014, 14(5):26-32.

[77] Zhou-Quan L, Xiao-Ming L, Jia-Hong S U, et al. Deposit 3D modeling and application[J].Journal of Central South University of Technology, 2007, 14(2):225-229.

[78] Liang J, Green M. JDCAD: A highly interactive 3D modeling system[J].1994, 18(4):499-506.

[79] Sherry Anne Chapman,Norah Keating,Jacquie Eales. Client-centred, community—based care for frail seniors[J].Health and Social in the Community, 2003, 11(3):253-261.

[80] Bmake R Home. Independence and Community Care: Time for a wider vision[J].Policy and

Polities, 1997, （4）: 409-419.

[81] Tang WT, Hu CM, Hsu CY. A mobile phone home-care management system on the cloud [C]. International Conference on Biomedical Engineer and Informatics, 2010.

[82] Hu F, Li J, Wang W, et al. Meaningful Experience in Service Design for the Elderly: SA-PAD Framework and its Case Study [J]. Proceedings of the Design Society International Conference on Engineering Design, 2019, 1（1）: 3081-3090.

[83] ［美］吉尔兹. 地方性知识：阐释人类学论文集 [M]. 第2版. 王海龙, 张家瑄译. 北京: 中央编译出版社, 2004.

[84] Clifford Geertz. Local Knowledge: Further Essays in Interpretive Anthropology [M]. New York: Basic Books, 1983.

后　记

　　本书从人口学、社会学、老龄学、管理学、心理学、设计学等学科视角出发，立足于古代"和""圆"思想、设计知觉理论、设计视知觉理论以及通感思维等理论基础，对老年人进行解读，分析研究了老年人信息需求模型及实践探索，提出了适合老年人的养老服务模式，最后在一系列理论研究基础上分别从视觉设计、产品设计及环境空间设计三个维度探讨了适老化设计原则及设计案例分享，为适老化相关设计提供设计参考和理论指导。

　　本书依托项目负责人即本书作者 2020 年度浙江省哲学社会科学规划课题内容展开，主要内容分为八章。第一章节从老年人生理、心理、行为、社会关系、家庭子女等角度解读了老年人并总结出相关生理、心理和行为特征。第二章节为中国适老化设计理论基础。第三章节在前面章节的基础上，对我国老年人群的基本特征进行梳理与分析，通过马斯洛需求层次理论进一步挖掘了老年人信息需求模型，结合通过思维建立了老年人设计需求模型。第四章节深入分析我国养老的供需情况，构建出多种智慧化新型养老模式，旨在将服务模式以系统平台的形式落地，具备一定的实践操作性。第五章节为通感思维下的适老化设计。通感思维为本书的核心思想，运用该思维分别从视觉平面设计、产品设计、环境空间设计三方面总结出适老化设计原则。第六、七、八章节是本著作的延展性实践环节。其中，第六章节为适老化设计思维在视觉信息设计中的应用，结合视觉选择性注意实验与需求问卷调研系统分析法，总结信息交互的适老化设计策略，并针对相关社交平台进行设计实践。第七章节是围绕居家养老活动中的适老化产品设计展开的实践性研究，此章节根据前几章的理论研究，系统梳理了适老化产品设计原则，将通感理论融入其中，以优秀案例展开实践研究。第八章是针对适老化居住空间的专题分析，此章节重点分析老年人视角下的室内空间设计，结合实际项目，针对不同类型的老年人居住空间进行适老化改造的难易程度、关键部位、呈现效果及工程造价等进行深入研究。

　　《适老化创新设计》为浙江省哲学社会科学规划课题（20NDJC144YB）成果，其职责不仅在于深入分析现阶段适老化设计的基础理论，把握适老化设计的研究热点与发展前沿，更在于从设计角度为我国养老产业发展提供前瞻性指引。本书取得一定研究成果之余，也存在一些研究不足。鉴于著者精力、经费等现实问题，本书关于养老服务需求的实际调研仅从附近省市着手，不够完整、完善，覆盖性不强。限于著者的能力水平、时间、精力等因素，本书议题仍有诸多有待深入研究的空间。在此，特别感谢鲍宗亮老师，研究生郭怡瑛、赖宣菲，谢谢他们对本书的竭力相助。

感谢浙江省哲学社会科学规划课题、浙江科技学院校学术著作出版专项给予的研究经费资助，正在这些基金的资助，使我们能够寂寞耕耘，坚守初心。

2021 年 10 月